U0186857

食肉简史

［波兰］玛尔塔·萨拉斯卡（Marta Zaraska）/ 著

陆俊迪 / 译

海南出版社

·海口·

MEATHOOKED：The History and Science of Our 2.5-Million-Year Obsession with Meat

Copyright © 2016 by Marta Zaraska

Published by arrangement with CookeMcDermid Agency Inc.,through The Grayhawk Agency Ltd.

版权合同登记号：图字：30-2018-006 号

图书在版编目（CIP）数据

　　食肉简史 /（波）玛尔塔·萨拉斯卡
(Marta Zaraska) 著；陆俊迪译 . —— 海口：海南出版
社 ,2020.6
　　书名原文：Meathooked
　　ISBN 978-7-5443-9344-7

　　Ⅰ.①食… Ⅱ.①玛…②陆… Ⅲ.①饮食－文化史
－世界－普及读物 Ⅳ.① TS971.201-49

　　中国版本图书馆 CIP 数据核字 (2020) 第 084814 号

食肉简史
SHIROU JIANSHI

作　　者：[波] 玛尔塔·萨拉斯卡（Marta Zaraska）
译　　者：陆俊迪
监　　制：冉子健
责任编辑：张　雪
执行编辑：高婷婷
译文校订：龙薇 本言工作室
责任印制：杨　程
印刷装订：三河市祥达印刷包装有限公司
读者服务：武　铠
出版发行：海南出版社
总社地址：海口市金盘开发区建设三横路 2 号 邮编：570216
北京地址：北京市朝阳区黄厂路 3 号院 7 号楼 102 室
电　　话：0898-66812392　010-87336670
电子邮箱：hnbook@263.net
经　　销：全国新华书店经销
出版日期：2020 年 6 月第 1 版　2020 年 6 月第 1 次印刷
开　　本：787mm×1092mm　1/16
印　　张：13.75
字　　数：150 千
书　　号：ISBN 978-7-5443-9344-7
定　　价：45.00 元

 # 序 言

你为什么渴望肉食？这里会有答案

2009 年的夏天，我母亲决定成为一个素食者。她已经和素食者一同生活了许多年——我的继父和继兄弟都对肉敬而远之。她在波兰社会里是个贤妻良母，每日都会给他们烹饪素食，再单独做出一份有肉的饭自己吃。没人强迫她改变自己的饮食习惯，而她似乎也不觉得这样做有什么麻烦。但是在 2009 年，她偶然读到了一篇关于吃肉危害健康的文章。文中引用了一个样本数量超过 50 万人的研究数据：大量摄取肉类会提高女性的死亡率，其中因心脏病死亡的概率提高了 50%，因癌症死亡的概率提高了 20%。研究结果令人不安，母亲对此忧心忡忡。她不想让胆固醇（坏的那种）堵塞她的动脉，也不想让多环芳烃（在肉类烹饪过程中可能产生的致癌物质）破坏她的细胞，她保证过要好好地照顾自己。于是她告诉我们，她不打算再吃肉了。

然而，我母亲仅仅坚持了两星期。那之后，美味多汁的火腿和奶油馅饼重新回到了她的冰箱里。从那个夏天开始，她数次尝试过放弃肉食，但从来没成功过。她的努力总是令我想起我的丈夫，他也从未真正地戒过烟。有一次，我问母亲："您的素食主义进行得怎么样了？"

她耸了耸肩膀，说："没办法，我就是喜欢吃肉。"

不过，对我来说，这仅仅是个开始。那之后，我的脑海中常常涌现出许多有关我们和肉之间的关系的问题，比如：动物蛋白质中究竟有什么东西令我们对它们如此渴望？为什么放弃吃肉那么难？如果吃肉对我

I

们的健康真有那么大的伤害，为什么在进化过程中，我们没有从一开始就进化为食草动物呢？

两年后的 2011 年年初，我坐在新加坡的八珍（Eight Treasures）餐厅，俯瞰拥挤而嘈杂的唐人街时，从窗口飘来附近寺庙中焚香和赤素馨花的味道。窗外的世界还在喧嚣之中，餐厅里却一片平和。那时我已在新加坡居住了两个多月，渐渐熟悉了当地的文化，但在八珍餐厅里，我还是经历了一件令我大开眼界的事情。这间餐厅分明是个素食餐厅，但菜单上却出现了大鱼大肉的名字：羊肉咖喱、烤乳猪、北京烤鸭等，甚至还有在环保界臭名远扬的鱼翅汤。我十分困惑地叫来了服务生。

"你们这儿究竟是不是供应素食的？"我问。

服务生看着我，好像我脑子有问题，说："这些都是素食。"

"你是说这些猪肋排……呃，并不是猪肉做的吗？"

"所有菜品都是素肉做的。"服务生回答。

瞧，关键词来了——素肉，这是一种以大豆或谷物为基础的混合物，有时会加入精炼油调味。听起来似乎难以置信，但我想试试，于是点了一份"猪"肋排，结果出乎意料地好吃。它们外表像肉，质地与结构像肉，甚至吃起来口感也像肉。我仍然不敢百分百确定它们不是真正的肉，也许八珍餐厅的厨师们只是用动物蛋白质欺骗了这些素食者，令他们相信这些全是大豆混合物。但真正令我好奇的是，为什么素肉这种奇怪的东西会存在呢？我们不为那些坚果过敏的人们制作假坚果，也不为不吃根茎类蔬菜的虔诚的耆那教徒制作假胡萝卜（他们认为将植物从土地中连根拔起是一种很暴力的行为），那么，人们为何执着于制作素肉？我们对动物蛋白质的上瘾程度，已经到了宁愿吃含有化学物质的肉类替代品，也不愿意去尝试享受一份简单的咖喱蔬菜的地步了吗？令终身素食者也不能完全放弃的，究竟是肉的香味，还是它身上所代表的社会与文化的吸引力？

时至今日，我母亲也依然在吃肉。她甚至开始享用波兰的肉类美食，比如黑肉肠①和鸡肝。我不会执意测量我母亲盘内的食物，但如果她和大部分波兰人一样，那么她一年大概要吃掉70千克肉。美国人吃肉的速度更快，差不多一人一年要吃掉125千克肉。与此同时，不计其数的科学报告中宣扬着吃肉对健康的危害。这些研究表明，大量摄取熟肉和红肉的群体患结肠直肠癌的概率比少量摄取的群体高20%~30%。食用红肉与禽肉类，男性患上糖尿病的概率将提高40%，女性则提高30%。在一项对超过120 000人的调查中，研究员发现："高度摄入红肉将会提高心血管疾病和癌症的死亡率，并预计大约9.3%的男性、7.6%的女性可以避免这种结果，只要他们每天都少吃半份红肉（大约42克）。"同时，研究显示，加州的素食者普遍比加州其他人的寿命长9.5年（男人）和6.1年（女人）。

　　类似的研究报告真的能阻止我们继续吃肉吗？其实不会，美国的肉类消耗量数十年来一直在增长。来自美国农业部（USDA）的数据显示，在2011年，我们每个人平均要吃掉比1951年多28千克的肉——这相当于60年来，平均每年多吃掉0.5千克牛排的水平。尽管关于癌症、糖尿病或心脑血管疾病的警告与日俱增，且这些警告早在20世纪60年代就出现了，但也无济于事。并且，这种情况并不只存在于美国，放眼全世界，人们对动物蛋白质的需求量也一直在增加。经济合作与发展组织（OECD）预测，到了2020年，与2011年相比，北美地区的肉类需求量将会提高8%，欧洲地区将会提高7%，而亚洲地区则会大幅提升56%。中国的肉类消耗量从1980年起翻了4倍。众多科学期刊中涌现出关于中国人因激增的食肉量（也包含其他原因）而导致健康状态每况愈下的研究，但科学家们所描绘的这种可怕场景似乎并不能让亚洲人放弃宫保鸡丁和木须肉。

　　全世界的这种对于动物蛋白质的热爱，不仅仅在破坏我们的健康，

---

① 黑肉肠，一种以猪血和猪肺为主料制作的香肠。（若无特殊说明，本文注释均为译注。）

同时也在破坏我们的地球。媒体日复一日地报道着这些：每一个汉堡对全球变暖带来的影响，约等于一辆美国汽车行驶 320 千米带来的影响。动物蛋白质中每释放 1 卡路里所产生的二氧化碳，比植物每制造 1 卡路里所产生的二氧化碳要多不少。食肉行为应为全球大约 22% 的温室气体负责——相比之下，航空业只贡献了 2% 的温室气体。从一些最新预测来看，全球变暖最终会导致海平面上升 4~9 米，21 世纪结束前，纽约和上海这种沿海城市将会被淹没。所以科学家和一些政治家试图找到解决方法，比如寻找可替代矿物能源的新能源、商讨如何鼓励人们减少能源消耗、驾驶更小的汽车等。但是，有一件事从理论上来讲是非常容易做到的——比发明太阳能汽车简单得多——还可以大幅减少二氧化碳排放量，减缓全球变暖，提高我们生存下来的概率，那就是成为素食者。只可惜，我们不想放弃吃肉。

肉食困境同样有着道德标准。从 2003 年盖洛普（Gallup）公司所作的民意调查来看，25% 的美国人认为动物值得拥有和人类一样不被伤害和不被利用的权利。另一个研究调查显示，81% 的俄亥俄州人认为善待农场中的动物应该和人们对待自家宠物一样重要。但我们并没有像对待自家的小狗、小猫那样对待农场里的动物，也并没有保证它们获得和人类相同的权利。相反，在没有麻醉的情况下，我们剪掉了农场禽类的喙来防止它们在绝境下互相残杀。同样，在没有麻醉的情况下，我们剪掉了猪的尾巴来防止它们失去理智后互相撕咬。我们将至少 11 只下蛋母鸡全部塞进一个小笼子里，使其无法活动，结果发现它们经常会卡在围栏里，然后饿死或渴死。其实，并不是我们对它们没有同情心，也不是就喜欢看着它们受苦，在某种程度上，这的确困扰着我们，而这恰恰就是我们用复杂的心理暗示来回避这种伤害生物的负罪感的根本原因。我们告诉自己，这些家禽注定是要受苦的。我们说服了自己，这些家禽没有那么聪明。我们将鲜活的生物和盘子里的食物区分得一清二楚，科学家认为，一旦某类物种被打上了"肉类"的标签，我们就会开始用不同的方式对待它们，并失去敬畏之心。

　　尽管吃肉对我们的健康、我们赖以生存的地球以及我们的良心都有伤害，但人类没有可能真的放弃肉食。盖洛普公司的调查数据显示，1943年不吃肉的美国人占2%左右，到了2012年，认为自己是素食者的人群占比增至5%。但另一个调查显示，有60%自称素食者的人群其实仍在偶尔食用红肉、禽肉或鱼类，这就相当于素食人群比例又降至2.4%，与1943年不相上下。

　　而我自己，就是一个不怎么纯正的素食者。首先，我吃鱼，主要是因为我懒。我住在法国，一个钟情鹅肝和马肉的国家。当然，我指的不是巴黎，而是法国中部森林中的那些小村庄——那里的人对素食者非常不友好。我很喜欢在餐厅里和朋友们聚餐，如果我坚定地拒绝吃肉，那我现在应该已经吃了数不清的山羊奶酪沙拉了。当地的菜单上实在是没有什么不含肉的菜肴，所以我会点黄油大蒜酱白鱼或者烟熏三文鱼，但我并不会因为仅仅是吃鱼而内疚。有时，如果没人在我身边——这实在有些难以启齿——我会吃一根香肠或者一片培根。这种情况不多，大概每半年一次，但它们的味道通常会让我失望。我为自己伤害了那些可怜的猪、牛或者鸡而感到内疚，并且我发誓不会再发生这种情况。然后，是的，这些事又会再一次发生。就像我母亲一样，我似乎也不能完全放弃肉食。肉里真的有一种奇妙的东西，可能是来自它的文化、历史、社会诉求，或者是化学合成物，让我流连反复。

　　在美国的书店里，摆放着许多说明我们对肉的痴迷有多么不健康的书籍，同样也有许多关于那些农场禽类是多么的可怜的书籍。大多数我都读过，但没有哪一本书真正回答了这个一直困扰我的问题：我们究竟为什么要吃肉？我写这本书的初衷是想找到肉类究竟为人类提供了什么，无论它的代价有多大——我们内心的负罪感、对心脑血管的伤害、对地球的污染——我们却还是在不停地吃肉。就好像大自然给我们开了个玩笑，它给了我们对某种东西的渴望，尽管这种东西实际上对自身有害。

所以，是什么在驱使着我们？我母亲的答案是——"我就是喜欢"——这还远远不够。这个答案给我的感觉，就像一个青春期女孩儿告诉她焦虑的父母，不愿离开自己男朋友的原因是"我喜欢他"。然而，就是这一瞬间，我发现这其实是一个很好的答案。但这位少女不是因为"就是喜欢"而喜欢她男——朋友的，她之所以喜欢这个典型的雄性人类，是因为他的身体散发出了足以吸引她的荷尔蒙；是因为从文化的角度来看，她倾向于喜爱高大健壮的类型；是因为她被一个强势的母亲和没有安全感的父亲抚养长大，所以她喜欢他拥有的自由的灵魂。同样，我们不是因为"我就是喜欢"才吃肉，我们对肉类的渴求要远多于这些。

这本书是对人类无肉不欢的根本原因的深入研究，故事从15亿年前地球上唯一的海洋的温带水域中古老的细菌接触到其他肉类开始。这本书揭示了跨越几千年的、星球上的第一个幸存者同时也是受害者——最初的食肉动物诞生的过程。他们传承了古人类的血统，学会了食肉以及追踪猎物，他们是从偶尔食肉的动物中派生出的一系：他们拥有更先进的大脑和社会结构。一些科学家甚至认为，是食肉令我们成为人类，不仅帮助我们从非洲大陆迁徙出来，甚至也是我们细软的毛发与发达的排汗系统的功臣（比起我们的近亲黑猩猩来说）。

伴随着人类进入现代，本书的内容也开始向生物学趋变。是不是肉里有什么化学元素令我们吃肉上瘾？它是否由2-甲基-3-呋喃硫醇或其他上千种挥发性化合物中的一种，组在一起构成了肉食特有的令人垂涎的香味？那是日文中说的多存在于肉类、蘑菇与牛奶中的"美味"吗？或者肉类其实是维持健康的必需品？尽管有得癌症和心脏病的风险，但如果没有肉，人类变成了一种弱小的、免疫系统缺失的种群，会不会更糟糕？一些基因突变的人，他们不喜欢雄烯酮[①]的气味，注定是素食者；

----

① 雄烯酮，一种哺乳动物信息素。

但另一些对水果和蔬菜中的苦味十分敏感的人，他们会更倾向于吃肉吗？这些是否只是年销售额 1860 亿美元的庞大肉食产业所进行的熟练的市场营销与游说？或者，这说明我们对动物蛋白质的兴趣事实上与我们所能获取的最大利益相挂钩？或者也可能——仅仅是可能，我们吃肉只是一种习惯，因为它根深蒂固地存在于我们的文化与历史中？毕竟，感恩节如果没有火鸡，夏日烧烤如果没有汉堡，那该是什么样子啊？也许，我们吃肉是因为多少世纪以来，它都象征着男子汉气概，象征着对贫穷、自然与其他国家的权力？我们对肉的喜爱是一种"瘾"吗？无论是生理上或是心理上，或者二者皆有？如果是，那我们能否打破这种"瘾"？告诉人们"要少吃肉"是否与让一个烟鬼去戒烟没什么区别？

正如本书所揭示的，肉食对我们的吸引力由许多因素组成。我管这些因素叫"钩子"。这些"钩子"连接着我们的基因、文化、历史、肉类产业的权威和我们政府的政策。我一个一个地详细研究了这些"钩子"，试图找出肉类吸引力中的个人原因——比如影响你可以吃多少牛肉的 5-羟色胺受体基因的特殊多态性的重要性，或者美国 27 亿美元的玉米补贴对提升肉食欲望发挥的作用。在每一章中，我分析了这些或大或小的"关联钩子"。我的结论是，人类与肉类的这种关系依然会存在于未来。我们会开始限制肉食消耗量吗？如果我们不这么做，会发生什么？我们不久会开始食用实验室研制的牛排、昆虫汉堡或者在自家厨房用 3D 打印做出来的以植物为原料的鸡肉吗？

《食肉简史》不是一本讲述吃肉的危害的书，也不是一本讲述那些农场禽类遭受苦难的书，这种书已经太多了。我可能是个素食者，但我不会指导别人一天应该吃多少肉，或者是不应该吃肉。我只会提供事实：肉里的什么东西令我们上瘾、文化如何鼓励我们吃肉以及我们的基因中是如何根深蒂固地种下了食肉需求的种子，其他的则由你们全权决定。

如果你是一个狂热的肉食爱好者，那么这本书可以帮你了解是什么驱使着你的味蕾，并且可以让你意识到，原来吃肉也会影响你整个人的性格与行为。如果你是美国那 39% 在努力减少肉食的群体之一，那么这本书可以帮助你改变你的饮食习惯，通过让你理解减少肉类消耗之所以困难的原因，从而帮助你对症下药。正如在你不了解为什么对烟草上瘾的情况下，你就很难戒烟一样，如果你不知道是什么让你渴望肉食，那么你也很难减少肉食的消耗量。而对于那些坚定的素食者以及虔诚的素食者来说，本书则可以帮助你们去理解为什么大多数人不愿跟随你们的脚步，并且在你们鼓励吃素时他们时常会表现出愤怒。我写这本书是希望能够帮助你们保持清醒，并提供一些饮食建议，而不是简单地、样板化地根据文化、习俗、不完善的政府饮食指南或是你母亲在孕期吃的东西来提出建议。

但归根结底，本书讲述了一个故事——我希望它能带你穿越历史和空间，从前寒武纪的深处到 21 世纪中期，从印度的牛排屋到贝宁的伏都庙，再到宾夕法尼亚的肉类实验室。这将是一个讲述人类痴迷肉类的故事：它如何开始，为什么越来越强烈，以及最终将怎样结束——如果真有那天的话。

大口吃肉

《食肉简史》不是一本肉香四溢，让人口舌生津，想要大块朵颐的文人式的美食书。而是与吃肉相关的社会文化史，其中有生物学、历史、化学、社会学，也有经济学，洋洋洒洒，知其然，亦知其所以然。盘中之肉，仅仅是一个媒介，可以借以揭开肉背后的人类行为的历史。一块肉的历史里，暗藏着进化、政治、性、冲突、人口爆炸、代际关系、法律……一块肉串联起了上古时代与未来社会。

我日常的酒肉生活中，有许多酒肉朋友。年纪渐长，愈发觉得"酒肉朋友"并非贬义，"醒时同交欢，醉后各分散"，因酒肉而纯粹，而长情。吃肉，似乎是我们日复一日的生活，事实不是这样。根据国家统计局的数据，2017年，全国居民恩格尔系数为29.3%，比1978年的63.9%下降了34.6个百分点。2018年，中国人几乎吃掉了超过世界肉制品总量的1/3的肉，人均达到68公斤。而30年前，中国人年均消耗的肉制品仅有13公斤。

至少在几十年前的中国，吃肉，还代表着一种奢侈与奖励。饥饿成为基因，写在我们的命运深处。在漫长的农业文明时代，人多地少，人们需要活着，需要摄取蛋白质，这就需要缘木求鱼、涸泽而渔，无所不尽其能。我经常听一些比我年纪大的人讲述自己童年时期的苦厄，对油脂的深切缅怀，对猪油渣的热情回顾——因为贫瘠，不轻易得到，故而印象深刻。

食物的获取来源与方式，变革着我们的餐桌文化，同时也隐约改变着我们的生活态度。

如果把时间回溯 2000 年，那时候的中国人是如何吃肉的？这种有趣的联想，似乎可以和《食肉简史》做出一种有趣的交叉印证。

那时候，关于吃肉留下来的一个最著名的文字记载是《鸿门宴》："……樊哙侧其盾以撞，卫士仆地。哙遂入，披帷西向立，瞋目视项王，头发上指，目眦尽裂。项王按剑而跽曰：'客何为者？'张良曰：'沛公之参乘樊哙者也。'项王曰：'壮士！——赐之卮酒。'则与斗卮酒。哙拜谢，起，立而饮之。项王曰：'赐之彘肩。'则与一生彘肩。樊哙覆其盾于地，加彘肩上，拔剑切而啖之。"（《史记·项羽本纪》）

"拔剑切而啖之"，六个字，至今读来仍觉有冲冠霸气。

在更古老的年代，关于吃肉，有非常多细致的讲究，如今都消散在历史的尘埃中。还好有一本书，记录了一些痕迹。这本书是汉朝许慎编著的《说文解字》。

《说文解字》之中，也有不少纰漏，原因是许慎并没有见过甲骨文，甲骨文的现世，一直要等到 1899 年，王懿荣的出现。瑕不掩瑜，《说文解字》依然是了解古代生活细节的一个线索。

在先秦岁月，猪被称为豕。豕是普通家庭的财富，"陈豕于室，合家而祀"，这便是"家"的本意。在西周的时候，猪对于普通人家是珍贵的财富，不是天天能吃的。然而相对于牛和羊而言，猪肉则更为日常，即便是庶民也能吃得上，牛肉和羊肉则都是有等级规格的食物，并非寻常百姓能吃到的。

在我们这个时代，对猪的称谓往往是词，诸如公猪、母猪、猪心、猪肺、猪头、猪骨……而在先秦时代，猪的不同形态与不同部位则有着固定的字，其种类繁多，严格有序，比现在的称呼复杂许多。由此可见，先秦时代并非粗鄙，在饮食上，细致讲究，花样繁多。在我看来，其中包含着先民对食物的敬重与珍惜。

　　"豚"指的是小猪，这是用来祭祀的。古人当然知道乳猪的妙处——越小越嫩。在《论语》中，阳货想要拜会孔子，就为他准备了一只蒸熟的小猪，"归孔子豚"。豚字还有另外一种含义，是指被阉割的猪，能长得很肥硕，这个词在日文中被传承了下来，许多日本餐厅里都必有的是"豚骨拉面"。"豨"特指的是三个月大的小猪；"豝"指的则是六个月大的小猪；长到一岁的猪则称为"豝"；而到了三岁，猪被叫做"豣"。

　　与此相类似的叫法还有牛。初生的小牛称之为"犊"（这个叫法沿袭至今），公牛称为"牡"，母牛叫作"牝"，没有阉割去势的牛称为"特"（后来这个词被引申为超乎一般的，特别的），四岁的牛称为"牭"，八岁的牛称为"犕"。

　　这仅仅是一小部分的专属名词，翻阅《说文解字》，能见到更多的字，它们被古人用来形容细碎的事情。

　　养好的猪，需要被宰割。在古代的文字中，有一篇著名的《庖丁解牛》，出自《庄子》，宰割技术之高妙，可以达到艺术的层面。宰割牲畜，也有诸多讲究，一口猪先是被一分为二，左边一半叫"左胖"，右边一半叫"右胖"。

　　孔子说"割不正，不食"，在先民时代，切割是大义，一块没有切割好的肉，如同一棵长歪的树，无法成材。关于割肉的方法与形状，古文中也有许多专用名词，这些词大多也消失不见了。"膊"是指切成块的肉；"截"是大块的肉；"朓"指的是切得很薄的肉片；而"脍"指的是切得很细的肉，著名的一句话是"食不厌精，脍不厌细"；"散"是杂碎的肉……

　　干肉，也就是腊脯，这是一种储存肉的方法——把肉做成各种干肉。在周朝的时候，有一个职业叫"腊人"，专门负责制作各种腊肉。腊肉也用于祭祀。关于祭祀的腊肉，又有颇多讲究，比如长度需要是一尺二寸。

　　不同风味的腊肉有不同的叫法，其中有"脩"，这是姜桂等香料腌渍过再风干的肉，味道似乎更有风味。"脯"则是肉片；"腊"是整个的风干。

楚辞《招魂》中有段落描述楚地美食:"室家遂宗,食多方些。稻粢穱麦,挐黄粱些。大苦醎酸,辛甘行些。肥牛之腱,臑若芳些。和酸若苦,陈吴羹些。胹鳖炮羔,有柘浆些。鹄酸臇凫,煎鸿鸧些。露鸡臛蠵,厉而不爽些。粔籹蜜饵,有餦餭些。瑶浆蜜勺,实羽觞些。挫糟冻饮,酎清凉些。华酌既陈,有琼浆些。"以现在的眼光即便读着有点拗口,也能在字里行间闻到油脂芬芳。

在更早的时候,人们已经发明了煮羹的器具"鬲"。最早的羹不加调料,讲究"大羹不和",就是纯肉汁,再搭配上种种的酱料。那时的酱料文化也极为发达,不同的菜搭配不同的酱,讲究极其严格。到了后来,羹的种类越来越多,也越来越讲究调和之味。古时有五味,常规的说法是"酸、苦、辛、咸、甘"。孔子还有一句话"不得其酱,不食"。古人做酱醢也有固定程序:先把肉切薄片晒干,再把肉干切碎成肉末,用粱曲和盐搅拌,然后加入美酒,放在坛子里,封好口,一百日即成。不同口味的酱用来搭配不同的食物,搭配错了,是叫人笑话的。

许多食物都掩映在文字的缝隙中,那些食材与讲究,那些稻谷与果蔬,还有那一夜的鸿门宴,人们在宴席上喝酒吃肉,钩心斗角,一个瞬间的犹豫,改变了历史的进程。

许多都无从谈起,与那场宴席距离最近的一本书是《吕氏春秋》,为秦朝吕不韦所编。翻遍《吕氏春秋》,写美食的有一段:"肉之美者:猩猩之唇,獾獾之炙,隽燕之翠,述荡之掔,旄象之约。流沙之西,丹山之南,有凤之丸,沃民所食。鱼之美者:洞庭之鱄,东海之鲕,醴水之鱼,名曰朱鳖,六足,有珠百碧。藿水之鱼,名曰鳐,其状若鲤而有翼,常从西海夜飞,游于东海。"

这本书的成书时间与鸿门宴相隔30年。我并没有在其中见到一些具体的食物,这更像是用想象中的食物写的一首诗。我与鸿门宴相隔2200多年,我也想着用那些美味的食材写另外一首诗。尽管我没有找到一条能飞的鱼，可以"从西海夜飞，游于东海。"

几千年之后，我们掉书袋似的追忆从前的吃肉岁月，在漫长的人类生存的历史上，"大口吃肉"不仅仅是一个动作，也是一种善良的祝福。

小宽　诗人美食家
2020 年 5 月于北京

目 录

第 1 章

走进食肉动物的世界

一场"作弊"的捕食

从某种程度上来说，地球生命的历史就是食肉的历史，这是一个关于背叛、越长越大和试图隐藏的故事，也是一个关于捕食者与其猎物之间的装备竞赛的故事。这段历史开始于15亿年前，地球上只有海洋的时候。那时候没有任何动物，那时候的生物也没有复杂的身体结构，没有可以走路的腿，没有可以供血的心脏，没有可以吃肉的利齿，当然，也没有肉。而且那时也并非我们通常认知的世界——距离那些可以食用的动物体的诞生还有很长的时间。

地球上所有的生物在15亿年前其实都是简单的细胞，当时可能存在的只有两种有机体——细菌与古生菌。后者是一种类似于细菌的生物，以在温度达到212华氏度（100摄氏度）的深海热泉、死海的超咸水甚至石油这些极端环境中生存为今人所知。对这些远古时代的细菌和古生菌来说，世界就像伊甸园，没有捕食者也没有杀戮。它们依靠太阳的能量或者含硫、氢的这类无机化合物生存，但这种祥和局面很快就结束了。

来自德国马克斯·普朗克发育生物学研究所的年轻研究员加斯帕·杰克里（Gáspár Jékely）认为，地球上最初的捕食者与食肉动物的故事源于一场"作弊"。"一个细菌没办法吃掉另一个细菌，"杰克里说，"细菌并没有嘴。"为了消化掉一些东西，细菌必须用它的单细胞身体吞食它的猎物，这就是现在所说的细胞的吞噬作用。但问题是，细菌本身同样有一道坚硬的"墙"，如果它们打开了这道"墙"，那么它们同样会把自己暴露给外界，这可能意味着死亡。可是，在 15 亿年前的某个节点，部分细菌的确开始打开了它们的"墙"，并开始吞食其他细菌。它们能够这样做，是因为它们"作弊"了。

杰克里这样告诉我，细菌是一种社交生物。在伊甸园里，它们过着集体生活，像泡沫或黏液状的"生物膜"一样漂浮在水面上，或者附着在深海中的岩石表面。在这种"生物膜"中，每一个细菌都必须为了共同的利益而分泌一些东西。杰克里说："就像一个要建造房屋的群落，每个人都应该搬块砖头来。"但有些细菌却作弊了，"它们假装带来了砖头，实际上并没有，就这样住在房子里。它们压榨了整个群落。"在这种安全的"生物膜"中，作弊的细菌便可以摆脱它们的"安全墙"，成为捕食者。它们不再需要从太阳或无机化合物中获得能量，而是会爬起来，像变形虫一样吞食其他的细菌。这很好理解，因为吃掉其他同类是一种高效获取能量的方法。

当然，细菌所完成的吞噬作用并不像我们现在吃肉的行为，但它们的确是第一群捕食者——一个有机生物用"吃"的方法杀死了另一个有机生物。一些科学家也会管这些最早的捕食者叫"食肉动物"，它们的行为就像吃肉一样。

很多研究人员都认同的一点是，这些最初的捕食者，为地球生命打开了一扇奇妙的门，它们对形成真核生物——一种含有细胞器的复杂细胞结构的有机体——至关重要。在捕食者开始猎食其他细菌之后，被吞食的猎物有时会强化自己的防御机制来防止被消化，并在捕食者的体内存活。随着时间推移和生物的不断进化，这些增强防御的猎物进化成了诸如线粒体之类的细胞器——这时候，真核生物诞生了。所有的动物和植物，都是真核生物。

一旦这些古老的细菌被"肉"所吸引，它们就成了一连串事件的开端。它们不仅导致真核生物及复杂细胞出现，而且还导致了许多其他重要的转变：从单细胞到多细胞（比起单细胞来说，如果拥有多细胞，则不容易被吃掉），从小到大，从柔软的身体到坚硬的躯壳，从缓慢到迅速。如果没有第一个吞食其他同类的细菌，那么地球上甚至都不会有真核生物，不会有多细胞有机生物，不会有动物，不会有食肉者，也不会有肉。

有关生命的游戏一直在变换。不久后，专业的捕食者就开始猎杀其他肌肉发达的生物，而我们今天所知道的食肉动物也将会诞生。

食肉者的装备竞赛

大概 5.5 亿年前，在前寒武纪末期的温暖海洋中，第一个真正的食肉动物开始吃肉了。而我们之所以发现食肉动物的存在，是因为它在一种被称为"克劳德管（cloudina）"的动物化石中留下了痕迹。这种古老的掠夺行为，并不是我们所想象的那种原始景象，比如鲨鱼般的捕食者追赶海豚般的猎物。

虽然我们还不知道这个前寒武纪食肉动物的确切身份，但几乎可以肯定它不会对现代人类造成伤害。它可能很小（约 0.5 毫米长），它也不是用一口锋利的牙齿去撕咬猎物，而是通过钻洞进入猎物体内。当然，猎物也不会在恐慌之下四处逃窜。克劳德管是一只"海葵"——一种类似珊瑚的动物——它已经形成了类似于玻璃幕墙的建筑体的壳体。它生活在海底，在那里遭遇了被吃掉的厄运。它的壳被一个小生物钻开了一个细如发丝的小洞。

这听起来实在不太像食肉动物的行为。但是，如果我们以《不列颠百科全书》中的"饮食由其他动物所组成"来定义食肉动物的话，那么吃掉克劳德管的捕食者就有可能是第一个食肉动物。但是克劳德管的身上有任何可以被吃掉的肉吗？毕竟，一只海葵模样的生物看起来和一块牛排大相径庭。虽然"肉"这个字通常会被理解为一只动物身上可食用的部分，但主要是指骨骼肌——我们可以自主控制收缩的肌肉，而不是心肌或构成血管、膀胱或子宫的平滑肌。那么,克劳德管拥有真正可以被吃掉的骨骼肌吗?这很有可能。科学家们相信骨骼肌已经存在了超过 6 亿年。而其中最有可能的就是克劳德管这种海葵类动物,它们是第一个进化出骨骼肌的种类,因此也是地球上第一种被食肉动物吃掉的肉。当然,这种肉的口感如何至今仍是个谜,大概有一点像现代中国菜和西班牙菜中的海葵的口感。据一位现代美食博主描述,吃起来像"有着鱼腥味的猪肉与蔬菜的混合搭配"。

也许,克劳德管身体里那个神秘的钻洞捕食者不是地球上的第一种食肉动物,但这的确是我们所能追溯的第一种食肉动物,即使我们对其样貌一无所知。

第一种我们能够辨别的食肉动物出现在晚些时候,在这些早期食肉动物中,有些种类现在仍然存在,比如阴茎蠕虫。这个名字的确有些令人不安,如果你上网搜索它们的图片,你就会知道它们完全是因为外表才被如此命名的——很长,有点像香肠,肉粉色,大部分阴茎蠕虫的尾部显得有些细小。然而,阴茎蠕虫并不凶猛,它们像侏罗纪时期的掠食者一样(这似乎是一个更令人不安的画面),碰到任何东西都会把它们吃掉,包括像虾一样的节肢动物、锥形的海螺以及三叶虫——在早期的形态中,基本上全身都是肉。

但随着另一种奇怪的新型食肉动物的出现,吃肉的故事比起在贝壳上钻洞或在深海中筛选食物来说,变得更加扣人心弦。类似乌贼的泳虾(nectocaris),虽然外观和阴茎蠕虫一样古怪,但它是更加有技巧的食肉动物。它有两根触须,可以高效地监视猎物,传送带一般的舌头表面长着牙齿,眼睛长在长须上,并且他还长着一个形状奇怪的嘴巴,可以用来向周身喷水。身长约 7 厘米的泳虾,比现在一般捕食者要小,但它在寒武纪早期已经算是大的了。它捕食什么呢?它在有小虾、蠕虫、水母等的地方游动。它凶猛危险吗?如果你是一个小小的寒武纪时期的软体动物,那么确实,它凶猛又危险。

随着时间的流逝,肉类捕食者也在渐渐变大。到了寒武纪中期,大概

5亿年前，奇虾步入历史舞台。它是真正巨大和凶猛的物种，身长大约1米，身体呈流线型，这有利于它快速移动，它有一对带柄的眼睛可以获得清晰的视野，还有一张排列着环状锋利牙齿的大嘴。它是寒武纪时期最大的食肉动物，是第一种为人所知的顶级捕食者，也是位于食物链顶端的食肉动物。在它的时代，它就是食肉者的国王。

进化的装备竞赛已经开始。像泳虾和奇虾这种生物（当然还有阴茎蠕虫）一旦开始吃肉，捕食者和猎物之间的战斗就成为进化的驱动力，直接导致了寒武纪时期生物多样性的大爆发。

通常是这样的：一个大型的硬体动物要比那些轻易就被路过的食肉动物猎杀的小型软体动物更有优势。猎物们变得越来越大，大到捕食者无法吞食就是一个好主意，一层厚实的躯壳也可以让它们获得一些保护。一旦猎物们将自己缩进壳中，捕食者们就得想尽办法去吃掉它们。捕食者们钻洞、长出了利齿般的护甲和传送带般的舌头。猎物们在变大，捕食者们同样也在变大。首先出现的是几厘米长的阴茎蠕虫，然后是7厘米左右的泳虾，再是大约1米长的奇虾。在进化的道路上，还有巨大的食肉动物——恐龙，部分恐龙的体型近似于8头排成一排的雄狮。整个动物王国都开始发展壮大，猎物们试图找到可以避免被吃掉的新方法。

世界对肉类日益增长的需求背后除了随之而来的物种的繁衍，还有其他因素。一些科学家认为，如果地球上的氧气水平，尤其是海洋中的氧气含量很低，那么在寒武纪时期爆发的食肉行为根本不可能发生。在寒武纪之前，大气中的氧气含量只有我们现在的15%，也就是说，如果你通过时光旅行回到了6.5亿年前，那么你在几分钟之内就会窒息。为了生存繁衍，食肉动物需要氧气——追捕猎物和消化大块的肉都十分消耗能量。但即使在今天，也有一些食肉者生活在氧气含量相对较低的海洋里。有一种假设，因为气候变暖，6.5亿年前地球上的冰川开始融化，大量的营养物质释放进海洋中，从而增加了小型藻类生物的数量，并产生了更多氧气。这就为食肉者提高自身的繁衍效率提供了必要条件，并加速了它们的装备竞赛。如果地球上没有足够的氧气，那么这个地球似乎也不会成为我们如今这样的食肉者星球了。

逐渐适应食肉的身体进化

关于地球上食肉动物的下一段故事，以及人类如何成为肉食热爱者，则要从 6 500 万年前说起。那时候恐龙和地球上超过半数的物种刚刚灭绝，在广袤的热带雨林中，在高耸的树木和藤蔓之间，我们的祖先一脉已经诞生了。至今人们所知道的第一个灵长类动物——普尔加托里猴，看起来并不像你我，甚至也不像猩猩，反而有点像老鼠和松鼠的结合体。如果今天它还活着，那它很可能繁育成一种可爱的宠物。

普尔加托里猴擅长爬树，但它是素食者。它放弃了像它的祖先那样以昆虫为食的习惯，而开始以丰富的水果和鲜花为食，并且能在高高的树枝上为自己搭建一个舒适的小窝。在数千万年的时间里，普尔加托里猴的后代们，一部分进化成了我们人类，另一部分则继续以植物为食——小到猴子，大到猩猩——大多数靠热带水果为生，当然有时也会意外吃掉食物中的蠕虫。大概 1 500 万年前，它们的食物变得丰富多样起来，食谱中加入了一些坚硬的种子和坚果，但它们坚持着素食者的本质。

然后，大约 600 万年前，乍得沙赫人出现在非洲灵长类动物的版图中。随着他们的到来，黑猩猩和倭黑猩猩被区分开来。在古人类学的术语中，"古人类"一词代表着所有已灭绝但和我们相近的物种，首先便是乍得沙赫人——一种矮小、面部扁平、小脑袋的，很有可能两腿直立行走的生物。他们的犬齿比他们祖先的小，牙釉质更厚，这表明他们需要比以水果和鲜花为食的普尔加托里猴进行更多的咀嚼与碾磨。

然而，吃肉还没在我们的祖先中流行起来。乍得沙赫人也许会吃坚硬的、富含纤维的植物，并以种子和坚果为补充。在三四百万年前，一些生活在非洲树林、河流以及季节性洪泛平原上的南方古猿，同样也没有开始吃肉。他们牙齿上的细微痕迹——吃的食物在牙齿表面留下的微小凹痕和划痕——表明他们的饮食种与和现代的黑猩猩较为相似，这些痕迹看起来像一些叶子和枝条，很多水果和鲜花，还有一些昆虫，甚至是树皮。那么南方古猿到底吃不吃肉？这是有可能的。就像现代的黑猩猩偶尔会捕杀髯猴一样，我们的祖先或许偶尔也会吃一些小猴子的生肉。但是早期古人类的内脏不允许他们像现在的人这样吃大量的肉类。他们的内脏类似于典型的吃水果的食草动物的内脏，在大肠顶部有一个大盲肠——一个细菌包囊。如果一个南方古猿吃了肉，比如说，吃了几块斑马肉——他的结肠可能会扭曲，出现胃部刺痛、恶心、腹胀，甚至导致死亡。然而，尽管有这样的危险，250万年前，我们的祖先依然成了食肉者。

看起来似乎我们的身体在逐渐适应——一开始是习惯于种子和坚果。种子和坚果富含脂肪但缺少纤维，如果我们的祖先大量食用，可能会促进小肠的生长（消化脂肪的地方）和盲肠的收缩（消化纤维的地方），使我们的内脏可以更好地加工肉类。更重要的是，食用种子和坚果也让我们的祖先准备好过另一种方式的食肉生活：为他们提供切割兽体的工具。一些研究人员认为，用来挖掘种子和坚果的简单石具可以被用来击碎动物的骨头，并切割巨大的肉块。因此，250万年前我们的祖先为吃肉做好了准备——他们有了可以得到肉类的工具和可以消化肉类的身体。但是，有吃肉的能力是一回事，有吃肉的意愿和出门捕食肉类的技能又是另外一回事。

为什么我们的祖先会有这样的转变？是什么启发了他们开始将羚羊与河马看作一顿营养晚餐？至少一部分答案存在于大约250万年前的气候改变中。当降水量减少时，我们的祖先所赖以生存的水果、树叶和花朵也在逐步减少。大部分的雨林变成了树木稀少的草地，可供食用的植物越来越少，但食草动物却越来越多。在1—4月的漫长干旱时期，我们的祖先无法用他们通常消耗的能量来获得足够的食物，也就是说他们需要花费更多的时间和卡路里。早期的古人类站到了进化的十字路口，有些选择了食用数量更多但是质量更差的植物，比如传说中强大的南方古猿；其他的则选择了吃肉，比如早期智人。强大的南方古猿最终灭绝了，但早期智人生存了下来，并进化成为现代人类。

有趣的是，虽然人类的祖先选择了从热带稀树草原上的食草动物们的肉中获得好处，但黑猩猩和大猩猩们的祖先却从未这样做过。其中的一个原因可能是它们没有用双脚直立行走的能力，因为找寻肉类很费时间，需要长距离行走，相应地，吃肉也要比吃草和水果消耗更多的能量。人类的祖先用双腿走路比黑猩猩和大猩猩的关节式行走更加高效，腿长可以更好地散热，这样能防止过热并提高耐力。看起来，如果乍得沙赫人或他们的祖先没有在 600 万年前直起身来，那么几百万年后的早期智人就不会有足够的能力去猎食动物，也就不会对动物的肉产生什么兴趣了。那么，汉堡或者牛排也许就不会出现在我们今天的餐桌上。

可是，对于究竟发生了什么，我们仍然存有疑惑：为什么我们的祖先前一天在热带稀树草原上途经这些食草动物时心无杂念，而后一天就将其视为食物？也许，我们的祖先中有人走过金合欢树下，看到了一只剑齿虎正在吃一头瞪羚；也许，他们偶然发现了一只死掉的斑马，内脏与血肉暴露在外，于是转念一想，为什么不试试呢？即使是最顽固的食草动物，比如鹿和奶牛，只要把肉摆在它们眼前，它们也会去试着吃肉。有记录表明，奶牛吃过活鸡、死兔子，鹿则会吃小鸟、很小的非洲羚羊或者青蛙。所以，我们的祖先偶尔以小猴子肉为食，并将在稀树草原上发现的新鲜的食草动物，作为其获得额外卡路里的一种方式，也没什么大惊小怪的。智人们已经是杂食性的机会主义者了，如果有些东西可以食用，而正好就在那儿，那么他们就会去吃。大概 260 万年前，他们周围有许多肉。就像普尔加托里猴利用改变后的新气候获得水果一样，智人们的后代，也就是早期的人类成功地改变了自己的饮食习惯以适应环境的变化。只是这一次，改变意味着对肉的追逐。

骨头上的食肉证据

许多骨头围绕着我，大象骨、剑齿虎的下颌、一些已灭绝的鬣狗的头骨，还有智人的头骨。我站在位于华盛顿史密森国家自然历史博物馆中的布里亚娜·波比纳（Briana Pobiner）实验室里。波比纳研究骨头，也就是说，她会挖掘非洲的古迹，或者从狮子那儿"偷"点儿东西，来了解我们的祖先是如何以及何时开始吃肉的。

在我们说话的间隙，波比纳拉开了一个抽屉，拿出一根大象的肋骨，它有着百万年的历史，伤痕累累，遍布着石器时代我们的祖先留下的痕迹。她一边用手指指着一条凹槽，一边解释道，人为的痕迹和狮子的牙齿留下的痕迹或者被水冲向岩石时撞击的痕迹都不一样。"切痕呈现出 V 形，比食肉动物的齿痕更直些，但比沉淀的磨损痕迹要深，"她说着，耸了耸肩膀，"这一个非常明显，但有时候就很难说。"

对现代科学家而言，骨头上的伤痕是最早的食肉历史的有力证据；但是对我们的祖先来说，切痕只是一些错误。史前屠夫们不是用锋利的刀切肉，而是用石器切割骨头，于是留下了痕迹。今天，通过研究这些痕迹，波比纳这样的研究者可以得知我们的祖先以什么为食，他们是狩猎还是觅食，他们通常食用动物们的哪些部位，以及他们是拥有着专业技巧还是只是外行。这就像是用盲文写下的故事。

明确的记录在册的最古老的切痕告诉我们，人类在 250 万~260 万年前就已开始猎杀稀树草原上的动物了。一个人在今属埃塞俄比亚的地方将一头如今已灭绝的三趾马切成片，并切下了一只中等大小的羚羊的舌头。但是，这究竟是一生也就这么一次关于食肉行为的偶尔的尝试，还是屠夫们惯常的吃肉方式，我们一无所知。但是在 200 万年前，肉的确已经进入了我们祖先的食谱里——波比纳和她的同事最近在肯尼亚发现了一种被称为"持续型食肉性"的证据。"这些早期人类不断回到同一个地方，去猎杀和食用动物。"她告诉我。

　　我们的祖先并不是特别挑剔的捕食者，在广袤的非洲大草原上，他们吃掉一切能吃掉的食草动物：疣猪、小型瞪羚、犀牛、长颈鹿、水羚、大象，以及少量濒危物种。其中有一种猎物，欧洲河马，是现存河马的表亲，但其体型更大，长长的眼柄上还长着怪异的眼睛。另一个被捕食的濒危物种是恐象 ①，是介于大象和食蚁兽之间的一个物种。有些被捕食的动物的体型让人印象十分深刻，其重量可以达到 2 495 千克，有的体型则相当的小（比如刺猬）。在我们祖先的脑海中，几乎所有的动物都是可以食用的——甚至包括人类同伴，一些有切痕的古人类骸骨被发现，证明了食人行为的存在。

　　科学家持续争论的主要问题是：在 150 万~180 万年前，我们的祖先到底吃了多少现成的尸体，又有多少肉类来自真正的打猎？为了找到答案，科学家不仅在研究骨头的痕迹，也在研究当今食肉动物的习性。对波比纳来说，这样的研究意味着她需要开着一辆丰田兰德酷路泽，带着一位武装护卫，在东非稀树草原上兜圈，然后寻找狮群和豹子最新制造的屠杀现场。一旦一头捕食者吃完，波比纳就会将吃剩的血肉模糊的斑马或羚羊骨架拖回自己的车上（为了装这些死掉的动物，她不得不拆了车的后座）。晚些时候，她回到营地，她的助手会用沸水烫出干净的骨头来，这样方便波比纳研究齿痕和食肉动物们给尸体造成的破坏。波比纳也会称量那些剩下的肉来记录所剩的重量。"狮子吃剩下了很多肉。"她说，并在"多"这个字上刻意拉长了音调。这是一个很重要的发现，这说明吃一顿动物肉的饕餮盛宴，并不是非得需要我们的祖先打猎——他们只需从大型食肉动物的猎杀物里，偷一点就够了。

　　在我们祖先最早开始真正食肉的时候，这或许就是他们所做的事。他们可能会找到一只被狮子抛弃，正好也没有被鬣狗或兀鹫发现的长颈鹿，或者一只被猎豹挂在树上的羚羊的尸体（猎豹喜欢将其未进食的猎物藏在树上，留着以后吃）。由于我们的祖先在当时仍然有着优秀的攀爬技巧，

―――――――――――

①　恐象，希腊语，意为"可怕的野兽"。

相较于其他的食腐动物,他们优势明显。但在平地上,他们必须与其他饥饿的动物——野狗、狮子和鬣狗争夺肉食。即使他们不够幸运,没能在其他食腐动物到达之前赶到,依然有机会可以得到剩余的大脑和骨髓。虽然大脑和骨髓对现代人类来说并不怎么好吃,尤其是对西方人而言,但我们的祖先依然会认为这是幸运的发现,因为大脑和骨髓富含脂肪和大量的卡路里。一只约 14 千克重的小瞪羚身体里的骨髓就有 500 卡路里——等同于麦当劳的一大包炸薯条,而一只牛羚的骨髓所含的卡路里是这个数字的 6 倍。

虽然我们的祖先开始可能只是常规的食腐动物(科学家称为"消极"食腐动物),食用偶然碰见的任何尸体,但也很有可能在早期就变成了"力量型"或"对抗型"的食腐动物——从饥饿的狮子、豹子或剑齿虎的鼻子下面偷走猎物。一些远古时期被猎杀的动物的骨头上的伤痕说明,早期智人偶尔吃的也正是食肉动物对猎物首先进食的部位。猫科动物几乎没有机会咀嚼它们刚刚捕猎到的任何食物,因为我们祖先结成的团队会把它们赶走,并赢得晚餐。智人随后会将肉拖回他们的营地来切割和分享。他们会从最喜欢的肥美的肢体和舌头开始,但是为了屠宰,他们需要工具——用锋利的石片把肉从骨头上剔下来,用大一点的石器打开骨头,获取其中的骨髓。没有这些石器,我们的祖先不可能成为全职食肉者,他们当时尚不具备食肉动物的身体构造。

不断进化的狩猎技巧

有一种说法在论坛和博客上反复出现:我们有尖锐的虎牙,这说明我们天生就是要吃肉,然而这根本不是事实。没错,我们的确有虎牙,但这不足以证明我们的虎牙就是为了吃肉而存在的。首先,虎牙只是哺乳动物的基本种类的牙齿的一种。大部分的哺乳动物都有虎牙,包括鹿和马这类吃草的动物。

其次，按照一些博客和论坛上的说法，人类的虎牙并不算十分尖锐和锋利。事实上，它们小而钝，即使在猿类（还有人类）中，虎牙的确是用来撕咬食物的，但它们的大小、形状和食谱并没有什么关系，它们更多的时候是与性交和搏斗有关。以大猩猩为例，它们主要以叶子和水果为食，但却有着匕首一般的虎牙——尤其是雄性。它们不需要用虎牙撕碎食物，但需要将虎牙作为一种对抗其他大猩猩的武器，尤其是当它们的战争与雌性大猩猩相关的时候。同样，对獐来说，需要和同类搏斗也是其拥有奇怪而巨大的犬齿的原因。而我们的祖先逐渐缩小了虎牙的尺寸（这为臼齿的成长提供了更大空间），也许是因为他们不会像其他猿类一样和同类战斗，也因为他们更像是一夫一妻制。武器的进化也给了我们祖先放弃巨大虎牙的资本，他们不再需要撕咬彼此，而可以用长矛取代虎牙刺穿彼此。人类虎牙缩小的进程至少有 600 万年了，逐渐变小的虎牙事实上成为一个将我们祖先和其他猿类区分开来的主要特征。我们的虎牙与其说它是一种与生俱来的肉食性的证明，不如说它是一种迹象，这种迹象表明无论好或坏，我们都应该与同一伴侣待在一起。

真正吃肉的牙齿并不是虎牙，而是裂齿。如果这个名字听起来并不熟悉，那是因为人类并没有裂齿。猫、狗，甚至臭鼬都拥有裂齿。如果你设法打开一只小狗的嘴巴，可以看到裂齿就在下巴后面，像刀锋一样尖锐，有着撕碎肉类的完美能力。裂齿是食肉类秩序成员中关键的一个特征，这个秩序中的成员包括了哺乳动物中的大部分捕食者，比如狮子、老虎、海豹、浣熊和家猫。

我们人类缺少的还有食肉动物的下颌。观看任何一部以稀树草原为背景的自然纪录片，都可能会听到狮子的吼叫声，这类猫科动物真的可以将它们的下巴张得很大。而人打哈欠，无论是现代人类还是我们的祖先，都无法与它们相比。我们同样缺少像狮子那样惊艳的颞肌（如果我们经常咀嚼口香糖，这块肌肉会被损伤）。所有的这些都意味着，我们不但不可能像食肉动物那样用我们的嘴巴捕杀猎物，而且在进食未经处理的生肉时也会很困难。

如果你是一个智人，无论你是早期智人还是晚期智人，你在稀树草原上找到了一个没被碰过的斑马尸体，除非你带着一些锋利的工具，不然你就有麻烦了。所有的斑马肉都被包裹在一层厚厚的皮肤下面，仅凭你的牙齿完全不可能破坏它们——想象一下咬一口活着的奶牛。虽然我们祖先的牙齿比我们的要大，但当他们需要咬透皮毛和皮肤时，他们的牙齿并没有多少用处。你可以像猩猩一样徒手将一只猴子撕碎，但如果你想吃一头长颈鹿尸体的肉，就需要真正的食肉动物来帮忙了。你需要像秃鹫那样等待，直到另一种更加有技能的动物撕扯掉斑马尸体上的皮肤，露出肉来，或者你可以干脆再多等一会儿，随着时间的流逝骨架会腐烂，皮肤也会变得更加容易被破坏掉。但是，即便你能够将一头斑马塞进你的嘴里，你滞钝的牙齿也不太可能将肉咬成能够吞咽下去的大小。在石器被发明的大约260万年前，早期人类并没有猎杀大型动物的能力，他们的身体构造不适合做这些事。

但是多亏了那些工具，我们的祖先大概在180万年前开始用工具捕猎小型羚羊。虽然科学家们仍在找寻我们的祖先当时用来捕猎的武器，但这些动物的骨头（上面的伤痕证明它们身体上有大量的肉）则表明它们可能是被撕碎的，而不是自然腐烂的。由于狮子和鬣狗可以在几分钟之内就狼吞虎咽吃掉一头小羚羊，所以智人们不会有足够的时间去偷那些被杀的猎物。

我们究竟怎么捕猎？如果猎物真的很小，我们徒手就可以做到。著名的肯尼亚裔英国古人类学者，为自己能够徒手抓捕小野兔和羚羊的能力而自豪，并由此推断如果他能做到的话，我们的祖先或许也能做到。另外一个可能的情况与金合欢树有关。金合欢树广泛生长于非洲的稀树草原上，它带刺的枝条比带刺的铁丝还要锋利，当地居民会用它的树枝来保护自己饲养的家畜，抵御捕食者的袭击。这也是为什么独眼长颈鹿并不稀奇的原因，因为长颈鹿以金合欢树的叶子为食，所以经常会被枝条上的刺刺伤眼睛。最初，我们的祖先可以把金合欢树的枝条当作一个吓退狮子或猎豹的有力武器。自那时候开始，从在食肉动物的鼻子前挥舞一根带刺的枝条，到将一根已削尖的枝条扎进一头羚羊的身体里，不需要经历很长岁月。一旦早期智人拥有了石器，他们就可以更加有效地利用带刺的枝条。你并不需要一个多么聪明的脑子就能想到这个主意，毕竟黑猩猩就这么做了。在塞内加尔的丛林里，一群黑猩猩用它们的牙齿将树枝磨成长矛，然后用它来刺穿灌木丛的动物幼崽——正如它们的名字所暗示的那样，这是一些小巧的灵长类动物。

一旦智人们控制了火，他们就可以用火来进一步硬化矛尖。将一根棍子扔进篝火里，会使它更有韧性，也更有杀伤力。然而，我们的祖先在发现可以让长矛变得更有杀伤力的石器前花了很长的时间。最早的关于这类武器的证明来自南非，距今约有 50 万年的历史。所以说，我们在 100 多万年中似乎都在使用锋利的棍子来进行猎杀。这几乎不可能，尤其是考虑到我们并不是大型动物（我们的祖先还要更小一些），我们没有爪子，我们的速度也不快。那么，我们在石器出现之前的时代究竟是怎样捕杀猎物的呢？第一个，同时也是最明显的答案就是，我们是社交型的生物，是群体作战。第二个答案就是，我们拥有爬树的能力。

想象一下 150 万年前，东非稀树草原上温暖而晴朗的一天。但别想象成塞伦盖蒂平原，想象一片更丰茂的土地，许多树木和灌木丛装点其中，与此同时，它们也提供了阴凉、猎食和藏身之处。在树林中，一只瞪羚正在慢慢地吃草，丝毫没有意识到树枝上盘踞着的一群智人正在准备发起一场突袭。瞪羚越靠越近，突然，智人们扔出了他们的长矛。一些尖锐锋利的棍子刺入了猎物的身体，瞪羚倒下了，成为一顿美餐。

随着时间的推移，打猎成为早期人类生活中的一部分。人们发明了长矛，又发现了该如何削尖它们，并在火焰中硬化它们，后来又加上了石头尖。在德国，人们在一头大象（距今约 30 万~40 万年）的肋骨间，发现的一根长矛（是的，当时在德国有大象）可以证明那时我们的祖先是娴熟的标枪手艺人，这种标枪正是专门为高效投掷而设计的轻便长矛。它大约有 2 米长，

由紫杉木上最坚硬的、也就是靠近树根的部分制成。我们的祖先已经学会
了远距离杀死一头大型动物的技巧。

然而，就像很多研究者指出的那样，我们不应该将打猎行为过度浪漫化。
现代的文化习俗使我们将狩猎看作一种高尚的、进化的行为，而将食腐视
为一种肮脏的、简陋的行为，并嗤之以鼻。因此，我们往往认为狮子是丛
林之王——它们毕竟是捕猎者，而鬣狗这样的食腐动物则被认为是卑微和
怯懦的代表。但是，我们没有理由认为食腐行为是获取肉类的较次要方式。
狮子时常也会扫荡腐肉——在塞伦盖蒂平原，它们的食物中有 40% 都是从
其他捕猎者那儿偷来的。而鬣狗捕猎的次数比它们进食腐肉的次数要多。
食腐行为困难重重又十分危险，想要做一个优秀的食腐者，需要关注周遭
发生的一切猎杀行动，需要赶在竞争者之前到达战场，可能还需要靠搏斗
赶走猎杀者，或者其他的食腐者。狩猎是一种优越的、更加高尚的获取肉
类的方式的观点，只是我们现如今的一种偏见。

即使在早期我们只是食腐者，但在 250 万年前我们绝对就是食肉动物
了。因为气候变化导致日常食物难以获取，我们变成了无肉不欢之人。简
单来说，我们尽力去吃肉是因为肉就在那儿，就像伊甸园里"作弊"的细
菌为了更有效地汲取营养而吞食了其他细菌，我们旧石器时代的祖先在物
资匮乏时期吃掉羚羊的尸体抵御了饥饿。

肉类已经永久进入了人类的饮食当中，这一变化将带来深远的影响。
一旦早期的人类开始狩猎，接下来的一连串事件都将发生，并且会给我们
的身体构造、社会和生活方式带来深刻的变化。从古老的时代开始，肉就
不仅仅是一种营养了，而是与政治和性也有关了。

第 2 章

大脑、小肠，还有肉类政治

肉让我们成为人类

如果你在网上搜索"旧石器时代狩猎"的图片，你应该搜不到早期人类追捕刺猬的内容，相反，你会找到很多关于猛犸、大象和巨型犀牛的照片。我们似乎对我们的祖先抱有这样的浪漫幻想——他们只会捕猎最大和最凶猛的野兽。这是否意味着直立人最佳的营养来源是这些巨型哺乳动物，或者稍晚的时代中，智人与尼安德特人也是这样的呢？不是的。人类对肉的喜爱，不仅与营养有关，也与政治和性有关，就让我们从猛犸的故事说起吧。

赫尔穆特猛犸（以它的发现者的名字命名）被分装在几十个箱子里，叠放在位于法国巴黎的国家预防性考古研究所里。我和赫尔穆特猛犸的两个年轻的研究者格雷戈里·贝尔（Grégory Bayle）和史蒂芬·波安（Stéphane Péan）一起，站在一堆散落的骨头的硅胶复制品前，那逼真的样子会让我的狗想叼起来咀嚼它们。大概半个小时前，贝尔和波安在一个小型会议上宣布他们找到了一头赫尔穆特猛犸肋骨上的切口，而这个切口极有可能是尼安德特人在剥离猛犸的肉时留下来的切痕。这件事非比寻常（如果这的确是一道切痕的话），因为我们没有直接的证据可以证明智人屠杀过猛犸。这就是为什么许多科学家都认为，现在流行的我们的祖先是专业的猛犸猎手的形象，并不十分准确。有相当多的证据表明，更新世 [①] 的捕食者们所捕食的大多都是中型动物，比如野牛或者驯鹿，是的，有时候也有刺猬。

即使人类真的捕杀猛犸，也可能不是为了肉。2008 年，在遥远的北方西伯利亚的亚纳河上，发现了一座至少有 31 头猛犸的巨大坟墓。这些动物的确是被人类屠杀的，但人类不是为了它们的肉。在西伯利亚地区工作的科学家声称，他们真正的战利品是象牙，就像格陵兰因纽特人使用角鲸的獠牙制作长矛一样，过去的西伯利亚人则使用猛犸的獠牙制作长矛。肉对他们来说只是不错的"附属品"，而不是目标本身。

赫尔穆特猛犸的研究员波安认为，在中欧和东欧地区，有一些旧石器时代的文化与现代人类相关，人们偶尔也会猎杀猛犸。春天大地解冻后，由于土地变得泥泞不堪，大型动物很难穿越泥地而变得很容易被猎杀。但即使是这些猛犸猎人，也不是为了它们的肉而追逐像赫尔穆特猛犸之类的动物的。"猎杀猛犸可以提供日常补给，它们巨大的骨头和坚硬的象牙，可以制成多种工具、个人装饰品和艺术品。或许，出于文化上的原因，让一群人知道他们能够打败如此巨大的动物也很重要。因为这可能会让他们感觉更加强大和团结。"波安告诉我。

在大多数情况下，猎杀猛犸这种大型动物并不是维持一个家庭最好的方式。一头死亡的大象可以提供 50 万卡路里的热量，相当于 909 个巨无霸的热量；而猎杀河马、水牛或者其他的大型动物则难以获得这么多热量且危险性更高。一些古人类学者认为，无论在旧石器时代还是现代，如果狩猎采集者真正想要为他们的妻子和孩子们提供良好的生活条件，那么他们最好的选择是去寻找小一点的动物，甚至是昆虫，并收集种子和坚果，而不是去追赶大象。

猎杀大型动物是很困难的。位于坦桑尼亚哈扎部落的现代猎人，虽然拥有早期人类无法使用的高能弓箭和毒箭头，但是捕猎的失败率却高达

---

① 更新世，第四纪的第一个世，是冰川作用活跃的时期，距今约 26 万年至 1 万年。

97%。经过 1 个小时的劳动，哈扎部落的人平均只提供了 180 卡路里的猎物，这比小孩子们采集到的补给还要少。然而，哈扎部落的人还不是最低效的供应者，来自新几内亚的部落的猎人在捕猎时实际消耗的卡路里比他们从猎物中得到的卡路里还要多，还不如直接就在营地里睡一天觉。

另一件可以证明捕杀大型动物并不是为了补充营养的事情是捕猎的时机。如果捕杀大型动物是为了给挨饿的家人提供食物，那么从逻辑上来讲他们应该在肚子空空又没有其他食物的时候捕食。但事实并非如此——即便是在旧石器时代，现代猎人们捕杀大型动物通常是在物资储备充足的时候，而不是物资稀缺的时候。拿博茨瓦纳猎人举例，他们狩猎远征时，正是那些富含热量、蛋白质和脂肪的青豆、蒙刚果最丰盛的时节。即使是黑猩猩，也倾向于在拥有很多其他食物可吃的情况下出去狩猎。

究竟是为什么呢？捕杀大型动物并不是为了填饱肚子，而是为了炫耀、政治和性。捕杀到一个难以企及的目标所传达的信号，是告诉别人你是一个强大、有技巧而无所畏惧的人，你会成为一个强大的盟友，同时也会成为一个令人闻风丧胆的对手。当一个猎人真的带着一头大象回了家，这的确是获取营养的好方式，尤其是它们富含珍贵的脂肪，50 万卡路里真的很多。当然那时候没有冰箱，而且人们也不知道可以通过熏制或腌制来保存肉类，只能是吃得越快越好。没有人可以在短短几天之内吃掉相当于 909 个巨无霸的食物，但是一个部落完全可以，所以分享就开始了。

很多社交动物都会分享食物，比如猴子、乌鸦、蝙蝠，甚至鲸。为了加强联系，非洲鬣狗会吃掉其他成员的呕吐物，而雄性黑猩猩会用肉当礼物，来表示支持和建立合作。就这点而言，在早期人类之间，肉类大概也扮演了相同的角色。在旧石器时代，将一头大象带回营地相当于彩票中奖后为慈善写下一张大支票：这彰显了你对于公共领地是一个有价值的捐赠者，并且是一个优秀的邻居。但是如果猎人间没有相互沟通的能力，那么捕杀一头大型动物并将战利品分享给大家，在社交方面就没有那么大的用处。不然的话，营地中的人们怎么知道是谁扔出了长矛，了结了犀牛？人们又怎么知道谁是最勇敢的猎人，而谁是胆怯后退的人？黑猩猩只与那些见证了猎杀场面的同类分享食物，而人类与所有人分享。为了获得声望，在复杂的政治中游刃有余，你需要具备告诉他人关于打猎行动的能力。（一些科学家认为，大型动物的捕猎行为，只会出现在那些能够说话的人类身上。没有语言，就不会有被猎杀的猛犸，不会有和肉相关联的威望，也不会有炫耀。）

然后，就是性。从天空向下看，巴西的茹鲁阿河看起来像一条黄色的丝带，蜿蜒纵横在绿色的森林之海中。在河岸之上，拥挤的丛林之中，居住着库利纳人，他们是有着高耸的颧骨和大鼻子的一个小部落人种。库利纳人常举行一种不寻常的仪式，他们称之为"获得肉的命令"，每当部落里的女人们"渴望吃肉"时，她们就会叫男人出去打猎。黎明时分，这些女人们披散着一头乌黑的直发，绕着村子大步走着，走过一所又一所简单的柱状房子，用棍子敲打着它们，把男人唤醒。当一个男人从他的吊床上醒来时，唤醒他的那个女人就会许下一个承诺：如果他给她带肉回来，那么她就会在当天晚上和他性交。然后，在男人经历了追逐动物的漫长一天，以及充满性暗示的盛宴仪式后，女人兑现了她的诺言。在库利纳人的生活中，肉就是这样被用来交换性的。

地球上的其他部落，同样重视狩猎技巧。研究表明，在狩猎采集社会中，有能力的猎人会吸引更加年轻、勤劳的妻子，而且往往能比那些不太成功的猎人生育更多的孩子。如果旧石器时代也有这种情况，那么这些多产的父亲就有可能把他们吃肉和狩猎的传统一直传承下来。

尽管如此，一些人类学家还是认为，肉类被当作塑造人性的角色，远超性和政治的范畴。人类学家亨利·T. 邦恩（Henry T. Bunn）说："肉让我们成为人类。"

食肉改变了我们的身体

大多数古人类学家可能会同意，肉在智人向现代人类的转化过程中发挥了至关重要的作用。这可能就是我们在非洲而不在其他大陆进化的原因。相比较其他地方来说，东非地区有着得天独厚的优势：它的气候和肥沃的火山土壤，为我们的食腐行为提供了大量的中型动物的尸体。在南美和北美地区，最容易获得的肉类来自大型动物，这些大型动物们几乎没有天敌，死亡率不高，而一旦死亡，它们留下的尸体和骨架会非常难处理——毕竟，切开一头乳齿象不是个容易的任务。与之相反，澳洲地区的动物们都很小，这就意味着在捕食者吃完之后，不会给人类留下多少肉来填饱肚子。科学家表示，如果没有肉，我们的大脑就不会变得像今天这样大。

相对于体型而言，人类的大脑大得惊人。非洲象是陆地上最大的哺乳动物，它们比美国男人的平均体重要重大概 50 倍，但它们的大脑却只比人类的大脑重 3.4 倍。我们大脑的开化之路始于 150 万~200 万年前，早期人类的大脑仅仅在几十万年的时间内，就有了近 70% 的增长。大部分的古人类学家都认为，如果没有饮食结构的改变，大脑是无法实现这样的快速增长的。维持大脑运作的代价是昂贵的，虽然大脑只占我们体重的 2%，但我们休息时，它可以消耗掉人体 25% 的能量。相比之下，非灵长类动物（比如老鼠、北极熊和狗）的大脑只需消耗整个身体 3%~5% 的能量来运行，而其他的灵长类动物消耗的能量则是 8%~13%。（我们的大脑之于卡路里，就像悍马汽车之于汽油——是真正的燃料消耗者。）然而，我们原本并没有那么多的卡路里来维持这个昂贵的器官。这怎么可能？

一个被广泛接受的简单解释是：有些东西必须放弃，那就是人类的肠子。为了维持能量消耗如此大的大脑生长，同时又不会明显提升我们的基础代谢率，就需要在其他的部位"削减预算"。我们不能减少那些重要器官的尺寸，比如心脏、肾脏或者肝脏，因为那样会让我们的身体无法正常运作。相反，似乎在我们进化史中的某一个节点，我们的肠道为了给大脑的生长提供更多的能量，开始了收缩。而这一切，如果没有更好的饮食，是不可能发生的。

如果你是一个直立人，而你需要从传统的以叶子、水果、草和树皮为主的饮食结构中获取能量，那么你需要一条很大的肠子来消化它们。这些食物含大量纤维，需要大量食用才能够满足人类身体的需要。例如，一个以吃水果为生的直立人，他一天要吃掉约 5 千克的水果，也就是大概 33 个中等大小的苹果，这真的是太多了。只有在你吃的东西很小，又富含卡路里并且很容易被消化的情况下，你的肠子才会变小。如果在旧石器时代有花生酱的话，那会是个很好的选择。所以，我们的祖先必须找到其他高质量的食物，这样才能缩小肠道，给大脑的生长提供必要条件，而这种高质量的食物，最有可能的就是肉了。

对早期人类来说，他们对肉的需求量不会太大，所以没必要成为剑齿虎那样的捕食者。如果我们的祖先所摄入的卡路里中只有约 10% 来自肉类（相当于一份 2 000 卡路里热量的饭里有 85 克牛排），就足以区分低质量和高质量饮食了。因为肉食不但有卡路里，还有着非常重要的营养成分——人体必需的氨基酸、铁、钙、锌和钠，以及维生素 A、维生素 B_1、维生素 B_6、维生素 B_{12}、维生素 K 等。

肉是唯一的选择吗？我们的祖先如果不吃动物的肉，还能提高他们的饮食质量吗？一些古人类学家提出了质疑，单单只靠肉还不足以缩小人类的肠道，肉必须得是加入了蜂蜜变甜之后的。蜂蜜实在是一种神奇的食物，它是自然界中能量密度最大的物质之一，具有抗菌、抗氧化、抗病毒甚至抗癌的特性，还可以帮助治愈伤口和降低有害胆固醇。如果蜂蜜中包含蜜蜂的幼虫——这在自然界中经常发生，那么它也会成为蛋白质和脂肪的一个优质来源。值得一提的是，蜂蜜很美味，人类几千年来一直在利用这一资源就不足为奇了。今天，一些狩猎采集部落的成员们，比如非洲的埃夫（Efé）俾格米人，在七八月的"蜂蜜季节"，一天平均要吃掉 600 克的蜂蜜。仅仅吃蜂蜜这一种食物，一天就能摄入 1 900 卡路里的热量。

另一种将我们祖先的饮食从低质量推向高质量的至关重要的食物就是块茎类植物。这些植物的肉质部分深埋在土壤中，比如土豆、山药和洋蓟。尽管块茎植物营养丰富，热量相对较高，但那些深埋地下30多厘米的野生块茎植物（因此我们的祖先需要大量的工具来挖掘它们）有着坚硬的表皮，很难消化。

但是，也许并不是因为我们的饮食里添加了什么新种类的食物，而是我们处理食物的方式的改变，带来了变化。哈佛大学的灵长类动物学家理查德·朗汉姆（Richard Wrangham）认为，并不是单纯的块茎植物或仅仅是肉类令我们成为人类的，而是做熟的块茎植物和熟肉。朗汉姆以"烹饪令我们成为人类"的理论而在学术圈闻名——我采访的很多科学家称他为"那个做饭的家伙"。朗汉姆认为烹饪过的食物比生食更易消化，并可以让我们更快地增重。由于消化是一个消耗能量的过程，你燃烧卡路里，再从食物里获得卡路里——所以这个过程越快，你的身体就会获得越多的能量。朗汉姆的实验证明，吃熟肉的小白鼠比只吃生肉的小白鼠增重更快。

至于我们祖先萎缩的肠子和发育的大脑，朗汉姆认为，生肉并不是主要的推动因素。他告诉我，只要看看时间就知道了。我们的祖先在250万年前开始猎杀动物，但他们的大脑快速发育却是在数十万年之后，这里有着很长的空白期。另外，如果我们祖先的大脑开始发育的时间恰巧也是他们开始学习烹饪食物的时间，那么根据朗汉姆的说法，这的确可以解释他们身体的变化。

但是，假想烹饪存在一个问题：是否有火？朗汉姆的反对者也经常会指出这点来反驳他的理论。现有最早的人类使用火的证据来自79万年前，远比人类大脑飞速生长的时间晚了许多。朗汉姆对此的回答是，缺乏证据并不是没有证据，他还是坚持自己的理论。因为也没有别的证据可以解释，人类是如何同时获得小肠道、小牙齿和脆弱的下巴的。虽然科学家们仍在争论是熟肉还是生肉令我们成为人类，但是大部分科学家都有一点共识——是因为肉。

那么蜂蜜和块茎植物呢？最有可能的是，这些食物本身并不能促进大脑的发育，它们只是推动了人类的饮食向肉的过渡。狩猎和寻找腐肉的行为是十分消耗能量的（你在和狮子搏斗时会燃烧卡路里），也是十分冒险的（狮子可能会赢）。因此，虽然肉是一个获得高质量饮食的好来源，但块茎植物和蜂蜜可以在我们得不到足够的肉类的时候帮助我们获得足够的能量。它们是我们获取营养的保障，且又十分安全。

吃肉不仅仅使早期人类的大脑在生理上得以"扩张"。吃肉，或者更确切地说，有组织性的狩猎和食腐行为增加的能量摄入，以及分享战利品，是使我们大脑变得更大的重要因素。马基雅弗利智力假说认为，我们需要更大的大脑来处理复杂的社会生活：竞争与合作，欺骗与谎言，友谊与玩乐。肉是社会生活的一个重要部分，在某种程度上它也允许我们拥有一个复杂的社会生活。如果你像大猩猩一样，吃的是笋和叶子这种低质量植物，你就需要花大量时间咀嚼和消化，你可能得一动不动地待一段时间。大猩猩和红毛猩猩都不是社交性很强的动物——因为它们每天的时间都不够用。而吃肉、吃块茎植物和蜂蜜可以让我们的祖先重新分配消化和社交的时间。

肉不仅仅让我们的大脑发育，同样也改变了我们的整个身体。一旦早期人类开始吃肉，他们便进入了"捕食者协会"，这是一个危险的"俱乐部"。当时在非洲有许多食肉动物，比现在的还要多，它们的竞争是激烈而残酷的。原本只是偶尔捕猎的我们的祖先突然变成了食肉动物的敌人，与食肉动物一样渴望着瞪羚和羚羊。众所周知，非洲的捕猎者为了狩猎，不惜展开竞争。在塞伦盖蒂平原，70% 的猎豹幼崽会死在狮子的口下，但不会被狮子吃掉，甚至成年猎豹有时也会成为狮子们残忍竞争的受害者。旧石器时代的狮子、剑齿虎、狼狗和其他的大型食肉动物很可能也想吃掉人类。长得更大是一个避免被吃掉的好办法：这可是最早由真核生物所开创的且经过了时间考验的策略。因此在进化的过程中，有着更大身体的人类，以及那些为了安全，生活在更大的群体中的人类活了下来。更大的群体则催生了马基雅弗利所提及的智力的提升和更大的大脑。

随着时间的推移，我们的体毛逐渐变得稀薄，也可能与食肉或者更准确地说与狩猎行为有很大关系。狩猎是剧烈运动，只需想一想那些必需的跑动和抛掷动作，便可知道消耗巨大。即使是在非洲稀树草原上最普通的炎热天气里，被厚重的毛发所掩盖也可能会使人们面临过热的风险。这就是为什么我们的祖先在做一个好的猎人之前，必须先调整好自己的身体。当他们的毛发变得稀薄后，他们可以更好地排汗（比如，我们比人类的近亲大猩猩流更多的汗，尤其是背部和胸部）。一旦我们的毛发变得稀少，我们的皮肤就得暴露在非洲的烈日之下。为了防止灼伤，皮肤会产生更多的黑色素，让人变得越来越黑。然后，到了该离开非洲的时候了，如果我们没有养成吃肉的习惯，我们可能无法做到这一点。

食肉帮人类走出非洲大陆

当你迁徙到一个新的国家时，最重要的事情就是找到好的食物。无论我跨越国境到哪里重新定居，买东西都会变得困难，我需要更多时间，这令我倍感压力。有时，仅仅是简单地将一盒酸奶从货架上取下来看看标签，比较一下价格和成分原料，都变成了一个漫长的过程。我得重新了解我的偏好，哪些食物的味道比较好，哪些比较健康，哪些不健康。你看，想要照顾好一个家庭实在是需要很多知识。

当我们的祖先在180万年前首次迁徙到东非大陆时，他们寻找优质食物的过程更加复杂，这时吃肉就成为一个可以简化各类事项的好方法。一些科学家认为，是我们的祖先对肉的渴望带领着人类从非洲大陆开始向世界各地扩张。不妨想象一下，如果我们的祖先当时没有开始吃肉，依然只依靠坚果、水果和树叶生存的话，会发生什么？非洲是一片广袤的大陆，气候与生态环境千变万化，在不同的生态环境中，会生长不同的植物。如果你是一个外来者，你很难猜中哪些可以食用，哪些会夺走你的生命，这就使得你在从熟悉的稀树草原迁徙到一个崭新的环境时困难重重。但如果你是一个食肉者，这一切就会变得容易一些。动物身上的肉吃起来相差无几，而且总体而言，所有哺乳动物和鸟类的肉都是可食用的。饮食中的这种共性也是食肉动物会比食草动物拥有更大的生存栖息地的原因之一。食肉动物为了寻找食物，需要更加频繁地在周边活动。一般来说，一个食肉动物每天跑动或步行的距离是同等大小的食草动物的 4 倍。食肉行为鼓励了我们的祖先去探索更多的未知，一次又一次地走出了他们的安全区，但是离开非洲的脚步却并不快。我们的祖先可不是在某一天突然收拾好了行李，来了一场一路向北的旅行。就像布里亚娜·波比纳和我讨论大象骨上古老的刀痕时说的那样，"当人口密度开始增加，部落就开始分离，以便争夺资源"。几千年之后，一些人在亚洲与欧洲安营扎寨，并迁居至那些更加寒冷的地区，迫使我们的祖先不得不开始建立以吃肉为主的饮食习惯。

对那些生活在欧洲的早期人类来说，生活实在不轻松。首先，那儿有许多食肉动物，比如狼、鬣狗、猎豹、美洲狮和体重可高达 400 千克的剑齿虎。这些食肉动物不但乐于吃人，还和人类竞争食物。其次，在冬天，除了肉之外，野外几乎没有什么可以填饱人类肚子的东西。那儿没有猴面包树，没有蒙刚果，也没有热带水果。当地的坚果和种子虽然营养丰富，但通常被掩盖在白皑皑的厚雪层之下。即便如此，也还是有好消息的。欧洲的动物为了熬过严冬，毛皮下会储存比非洲动物更多的脂肪，它们的肉更能抵御饥饿。如果我们不吃肉的话，在欧洲和亚洲的霜冻环境中极有可能难以生存。

但一些尼安德特人，也就是我们的前辈们，做得有些太过火了。尼安德特人是优秀的猎人，他们追逐、捕杀野猪、羚羊、鹿、棕熊和野山羊。他们是高度食肉的人种，科学家们通过分析尼安德特人骨骼的氮同位素值，可以了解他们生前饮食中蛋白质的来源。结果显示，他们摄入的所有蛋白质，几乎都来自动物，这意味着他们和狼、狮子是相同等级的食肉动物。但是尼安德特人的不幸之处在于，气候变化和过度猎杀导致了许多大型食草动物数量的锐减甚至灭绝。在旧石器时代末期，肉已经是越来越难得到的东西了。一些科学家认为，尼安德特人过度依赖肉食导致他们走向了末路。

与此同时，解剖学中的现代人类——古人类学家所称的现代人类，在亚洲和欧洲的生活中有着更为丰富多样的饮食选择。他们对肉的依赖程度较低，主要以陆生哺乳动物以及鸟类、鱼类、贝类和植物为食。多样化的饮食习惯在不断变化的时期占据优势：如果你最喜欢的食物没那么容易获得了，你完全可以去吃第二喜欢的或者第三喜欢的食物。如果你只知道吃肉，却不知道要怎么钓鱼或者采集坚果的话，一旦你经常猎杀的动物消失了，你的麻烦就大了。而且，肉食占比太大的饮食习惯很可能会导致你缺少营养元素，比如 β- 胡萝卜素、维生素 E 和维生素 C。这也就是身体不太健康的尼安德特人被能获取更丰富营养的表亲所取代的原因。因此，当尼安德特人走向灭绝时，杂食性的现代人类赢了（也许现代人类也起到了推波助澜的作用）。

无论好或坏，肉类在我们这个物种的进化史中扮演了相当重要的角色。它给了我们促进大脑发育的能力，也促进了分享，并帮助我们走出非洲大陆，步入了更加寒冷的气候中。这能够说明我们的进化是为了吃肉吗？我们天生和动物蛋白质固定在一起了吗？我们应该为了类似旧石器时代人类的身体而重拾旧石器时代的饮食习惯吗？不。"旧石器时代饮食法"也许很流行，但这种饮食习惯所依据的前提却存在许多问题。首先，你今天买的肉与我们祖先在旧石器时代的大草原中获取的肉不尽相同。我们购买的肉类大多来自豢养动物，它们按照骨骼—肌肉的高产能培育法，在狭小的空间内靠人工饲料喂养长大，这种肉通常含有很多的饱和脂肪酸，所以并不健康。一份 85 克重的非洲野生红鹿的腰脊肉，脂肪含量仅有 0.6 克，但是在美国超市购入的一块相同重量的牛排，即便是极瘦的一块，也含有 12 倍之多的脂肪。更重要的是，现代肉类中所含的饱和脂肪酸（对你有害）的比例更高，而单不饱和脂肪酸与多不饱和脂肪酸（都对你有好处）却少了很多。

其次，旧石器时代的饮食习惯并不单一，无论是从时间还是空间上来看。260 万年前，我们的祖先大部分都会辅助食用叶子、草和树皮等，这是旧石器时代的生活方式。在 100 万年前的非洲，早期人类也会吃一些肉，然后同时食用大量蜂蜜、坚果、猴面包树种子和块茎植物。6 万年前，我们的祖先吃掉了大量的鱼和海鲜，与此同时的尼安德特人则除了哺乳动物的肉以外几乎不吃其他食物。这些饮食习惯，哪个才是对的？哪个更加具有"旧石器风格"？以及为什么我们要说它是旧石器时代的饮食习惯呢？毕竟，我们在进化过程中，像灵长类动物一样以昆虫为食，以及晚些时候像猿猴一样吃水果的时间更多。那么，我们应该都变成"昆虫主义者"或者"水果主义者"吗？即便到了今天，狩猎采集者们的饮食习惯也是五花八门的——一些几乎算是素食者，一些却无肉不欢。然而，提旧石器时代饮食法的专家似乎认为，只有一种正确的方法是最适合我们身体的。他们通常会给出你应该摄入的蛋白质和碳水化合物的比例，并告诉你应该远离诸如土豆、乳制品和麦片这类食物。他们还告诉你，你必须吃肉。为什么？因为（也许）我们的身体没有足够的时间进化到由农业带来的新的饮食方式。这个问题关键的争论点在于我们的身体之前是有足够的时间进化的，而且它们的确进化了。进化并没有在 1 万年前就停止，根据越来越多的科学论断，我们在过去几千年中的进化速度其实是前所未有的。对人类基因组的研究最近发现，在过去的 5 000~10 000 年间，人类的进化速度加快了100 倍。有一些与饮食相关的基因已经被认定，而这些基因都是在农业出现后才进化出来的。我们中的一些人，似乎拥有了一种新的等位基因（一种基因的变体），可以调节血糖，预防糖尿病。另一些人则拥有额外的基因 AMY1，这种基因有助于淀粉的消化。不过，在基因与饮食关系中最著名的例子应该是乳糖耐受性。乳糖是一种在牛奶里发现的糖，对大多数成年人来说是难以消化的。如果你乳糖不耐受，那么你在喝牛奶之后可能会胃痛、腹泻甚至呕吐。但是，乳糖耐受性并不是在所有国家都是普遍的，比如说在某些北欧国家，超过 95% 的人可以无障碍地消化牛奶。原因是北欧人对牛的驯化时间较长，并且这些牛已经进化上千年了。

但是，有一种基因似乎是因为人类对肉与日俱增的追求而进化的，它同样也是一种重要的基因。它叫作载脂蛋白 E，拥有 3 个基本变体：E2、

E3 和 E4。如果你拥有等位基因 E4（你可以在很多实验室里要求进行关于这一项基因的测试），那么你的生命可能会比拥有 E2 和 E3 的人要短一些。比方说有两个人，一个是 E4 携带者，一个是 E3 携带者，两个人都在他们的日常饮食中加入了两颗蛋黄。E4 携带者的血液胆固醇含量可能比 E3 携带者高出 4 倍，所以 E4 携带者患上心脏病的风险要比别人高 40% 也就不足为奇了。那么，为什么大自然会让我们进化出如此糟糕的基因变体呢？

答案：是为了让我们吃肉。E4 也不全是缺点，它在我们学会使用火来烹饪肉类之前就已经进化完好了。食用生肉是危险的，尤其是当它们已经腐烂之后，里面遍布寄生虫、细菌和病毒。比如，野生大猩猩就是因食用疣猴的腐肉而感染上致命的埃博拉病毒的。然而，E4 基因的变异增强了人体的免疫反应，这使得我们的祖先食用这种被污染的食物而不会经常生病。不幸的是，这也会让他面临更快衰老的风险。这就是为什么几十万年后另一个为了适应肉食的基因突变发生了——E3 出现了。从那时开始，这种新变体基因的携带者可以吃更多的高脂肪肉类而不会给心脏增加太多负荷。

直到今天，我们中的部分人的基因里也仍然有着食肉因子。在欧洲裔美国人中，约有 13% 的人是这种短命基因的携带者，而一些较新的 E3 等位基因在世界各地则更普遍一些，尤其在日本、中国和印度。这是否意味着这些更适应肉类的基因的携带者对动物的肉有着特别的偏爱，或者他们比其他人更需要吃肉呢？完全不是这么一回事。事实上，E4 等位基因的携带者更适合低脂肪的素食饮食（如果他们想尝试吃一些腐肉，他们也会比 E3 和 E2 携带者有更大的生存机会）。

我们不应该因为某种饮食习惯是"古老的"就推断它一定是好的，就像《堪培拉时报》（Canberra Times）上的一篇文章中所说："旧石器时代的饮食方法会让你变得又矮又壮，体毛浓密，体味极重，然后……你就死了。"穴居人并没有过着美好的田园生活。他们的化石告诉我们：他们患有关节炎、牙龈疾病、四肢畸形和癌症。当然，我们的现代饮食习惯也无法做到膳食平衡（有太多垃圾食品和糖分），但也算食材丰富、营养全面（全球的植物、一整年的水果和所有你能想象到的种子和坚果）。比起我们的祖先，我们对食物拥有更多的选择权。历史明确地告诉了我们，我们是高度杂食性和有着高度适应性的物种，我们可以靠许多不同的甚至可以说是一些极端的饮食习惯生存。

食肉只是人类适应环境的一种选择

如果我们从来没有进化出食肉的口味，还会变成人类吗？会成为今天这样有着发达大脑、体表无毛的社交生物，足迹遍布从欧洲到亚洲再到太平洋上的汤加和瑙鲁小岛吗？也许吧。我们的祖先不需要靠肉从 260 万年前的早期人类进化到今天的智人，肉并不是生理必需品。他们需要的是高质量的饮食，而在那时候，肉就是当时最好的选择，这就是他们喜欢吃肉的原因。也许他们还有别的选择，也许他们可以去吃猴面包树上富含蛋白质和其他营养物质的果实；也许他们可以在捕捉昆虫上再多花一点时间（毕竟，黑猩猩只要用 30 分钟捕白蚁就能满足它们日常所需的蛋白质）；也许它们可以吃更多的蜂蜜、块茎植物和种子，这些方法都可以让它们获得高质量饮食。但是，从某种程度来说，肉是特别的。只有肉，除了拥有高营养以外，还会带来危险（会导致雄性的炫耀和政治斗争）；也只有肉有足够大的重量可以促进分享；只有肉需要追逐，这样才能甩掉我们厚重的毛发；只有肉是在每一个大陆上都大致相同的东西。

关于吃肉的历史可以告诉我们，我们的祖先有着极高的适应能力。我们并不是天生的食肉动物，反而是天生的机会主义者。在过去，我们祖先的饮食习惯有几次大的改变……从昆虫到果实，从果实到树叶，再到肉和块茎植物——这些通常都是对气候改变的适应。在某一段时期中，果实是他们最好的食物，而在另一段时期中，最好的选择又变成了肉类。我们应该从旧石器时代的祖先（以及更早的）那儿吸取这样的教训：与其把花生酱和土豆倒进下水道，从历史中寻找所谓完美的"天然"饮食，还不如从现在开始，寻找最适合当下的食物。

还有一件需要记住的事情就是，我们的祖先虽然数次变革了自己的饮食习惯，但这个过程并不轻松也不迅速。毕竟，他们不是在短短的一两年内就改变了饮食习惯，而是至少花费了上千年。改变得太快，我们可能会抗拒。如果改变意味着肉变得更少，我们可能会更加强烈地抗拒，就好像如果肉类没有出现在我们的餐盘中，我们注定会枯萎死去一样。

那么，一个新的问题出现了：肉中是否含有某种可以帮助我们的身体更好地运转的化合物？如果拿走肉类中的某些成分，是否意味着损害健康，大脑也不会如此聪明？一种维生素或者某种营养物质是否有能力激发强烈的饥饿欲望？为了寻找答案，我们必须将目光从古人类学家及其装着骨头化石的盒子那儿，投向生物学家的显微镜，去寻找肉类的分子秘密。

第 3 章

肉食渴望和营养素需求

"肉食渴望"研究

队伍大约有 30 人，从商店里延伸到人行道上，最末尾的人最少需要等待两个小时才能买到他们想要的东西。但他们都耐心地站着，他们紧紧地抓着用来装肉的塑料袋和柳条篮，大约每 4 分钟可以拖着脚向前移动几步。然而，某些人不得不空手而归了。这家肉铺是一座白瓦房子，只有很少的香肠挂在钩子上，伸出墙外，但每个人都想要那些香肠。

在 20 世纪 80 年代早期，我童年时期的波兰，这些景象十分普遍。和别人一样，我的母亲和我也会为了能买到牛肉或猪肉而苦等几个小时，哪怕只有非常微小的机会。当时的肉是定量供应的，稀缺而又被人们疯狂渴求。我不知道我的母亲或者我认识的其他人，是否会牺牲大量的时间去买十几克豆子或者一颗卷心菜，但如果是为了买肉，我们就愿意等。

已故的人类学家马文·哈里斯（Marvin Harris）被波兰人对香肠和炸肉排的狂热深深吸引，他甚至将这种狂热用作他所提出的"肉食渴望"现象的重要例子。"肉食渴望"指的是人类对肉类的一种强烈渴望，这种渴望是无法被其他食物替代的，即使是很大量的其他食物也不行。20 世纪 80 年代，大部分的波兰人并非营养不良，我们每天平均摄入 3 000 卡路里的热量，并补充 100 克的蛋白质。然而，我们仍然要日复一日地花大量的时间在肉铺排队。我们为什么对肉如此上瘾呢？

哈里斯可能是"肉食渴望"最有名的信徒，但他不是第一个持这种观点的人。早在 19 世纪，就有传教士和探险者对他们在非洲和南美洲遇到的情况做过大量的描述：无论食物有多丰富，只要当地人没有肉吃，他们就会抱怨，说自己饿。1867 年，一位法裔美国探险家对一种流行于中非的名为贡巴的"疾病"进行了描述："一种超乎寻常的对于肉类的极度渴求。"患上贡巴病的人，会拒绝他眼前的任何素食并且固执地恳求获得肉类。

很多语言都有类似"肉食渴望"这样的词，这些词通常用于形容异于常态的、空腹的饥饿感。这种饥饿感被中非的姆布蒂人称为埃克贝鲁（ekbelu），被玻利维亚的土著称作埃巴斯（eyebasi）。新几内亚的古吉拉特语则认为"对于植物的渴望"来自胃部，而"对于肉的渴望"来自喉咙。在乌干达，当地人会用足够一家人食用大半周的青香蕉来交换甚至不够吃 1 天的瘦骨嶙峋的鸡。人类学家声称，对于肉食的渴求不是心理上的，而是文化上的——膳食上肉类的缺乏是一种匮乏的信号，表明整个部落（或者国家）资源匮乏。然而，肉食里确实存在一种具有营养价值的物质，使我们将肉类置于其他食物（比如青香蕉）之上，并且使得"肉食渴望"成为现实。这种物质就是蛋白质。

费城莫奈尔化学感官中心保罗·布雷斯林（Paul Breslin）的苍蝇实验室里，弥漫着蜂蜜的气味。这是一个很小的房间，里面仅仅有一张桌子、一台电脑和一台巨大的白色电冰箱。在这里，布雷斯林——一位来自新泽西罗格斯大学的营养学教授，一直在研究动物的进食行为，尤其是那些喜爱红酒、啤酒和新鲜烤面包的动物。我并不是在谈论人类——布雷斯林研究的对象是果蝇。根据布雷斯林的说法，果蝇的食性和人类非常类似，甚至比黑猩猩的还相似。"它们几乎就是黑猩猩了。"他笑道，一边拉开了冰箱门，冰箱里有一排排透明的小瓶，每个瓶子里都有嗡嗡叫的橘色果蝇。布雷斯林告诉我，在小瓶的底部，有一种质地较硬且黏稠的物体，那是果蝇的食物（所以有蜂蜜的气味）。通过研究果蝇及蚊子，布雷斯林试图弄明白是什么驱动了它们对蛋白质的渴求，进而理解是什么造成了人类对蛋白质的渴望。"这些果蝇平时只吃水果，但是一旦怀孕，雌性果蝇就会开启对于蛋白质的渴望，它们就会开始寻找酵母——对于它们来说，那是一种蛋白质。"布雷斯林说道。蚊子的情况也类似，布雷斯林相信，如果不是令人恼火的发痒的叮咬以及传播疾病（如致命的疟疾），我们将会对任何想要吸我们血的蚊子报以善意。毕竟，雌性蚊子是被它对蛋白质的渴求所驱使的——它怀孕了，并且正试图寻觅足够的营养素去喂养它的孩子。

蚊子和果蝇并不是唯一因对蛋白质的渴望而被驱使的生物。史蒂芬·辛普森（Stephen Simpson）是悉尼大学的一位生物科学教授，他一直以来对黏液菌①、蟑螂、老鼠、猴子以及人类进行研究，并发现这些物种都对蛋白质有着一种特殊的渴望。辛普森告诉我，对于人类来说，理想预期是从蛋白质中获得 15% 的热量。无论什么时候，只要辛普森在实验里给志愿者提供的食物中的蛋白质含量不够丰富，就会导致他们吃很多零食，因为身体要求他们达到"蛋白质目标"。由于咸味和鲜味通常意味着蛋白质的存在，辛普森仔细地倾听身体试图告诉他的信息。如果他发现自己在两餐之间极度地渴望咸味薯片，他就会明白："哦，我的身体现在需要补充蛋白质。"——然后吃 1 个鸡蛋作为替代。

似乎我们的身体就是被设计成优先考虑并且积极地寻找蛋白质的——无论你是吸血传播疟疾的蚊子还是在冰箱里翻找培根的人类。从这个角度来说，我们就不难理解用青香蕉来交换鸡的乌干达家庭了。青香蕉确实富含很多能量，但几乎不含蛋白质：每 100 克的果实里大约只有 1 克蛋白质。为了满足每日蛋白质的摄入，一个成年人每天需要食用至少 13 千克的青香蕉。与此同时，每 100 克瘦巴巴的鸡肉里含有的蛋白质却是青香蕉的 100 倍，这会更有效地缓解"蛋白质饥饿"。

然而，辛普森和布雷斯林的研究并不能彻底地解释这种对于蛋白质的渴望。尽管他们的研究有助于解释某些时候人类屈服于"肉类渴望"的原因，但并没有揭示出人类对肉类有一种与生俱来的渴望——仅仅是人类的身体

---

① 黏液菌，一种像有毒物质泄漏的类水母生物。

对蛋白质的渴求。这也并不意味着我们需要摄取尽可能多的蛋白质——提供身体所需的 15% 的热量的蛋白质其实并不多。许多西方人秉持的信念（肉和蛋白质是一回事，以及我们的身体需要大量的蛋白质营养）只不过是一个或者两个迷思。确切地说，二者都可以在科学中找到一些影子。

蛋白质迷思之一

1824 年，年仅 21 岁的尤斯图斯·冯·李比希（Justus von Liebig）成为德国吉森大学的教授。冯·李比希在职业生涯中不仅进步迅速，而且十分引人瞩目，因为他发现了氮在植物营养中的作用，因此被称为"化肥产业之父"。冯·李比希的盛名部分归功于他的研究，还有一部分归功于他的魅力。他是一位成功的自我炒作者，这显然帮助了他关于肉类和营养的观点的扩散。

冯·李比希认为只有蛋白质是真正的营养，并且认为如果没有蛋白质，我们的肌肉将无法工作。对他来说，碳水化合物和脂肪仅仅是在肺里与氧气发生作用产生热量。事实上，他的关于蛋白质在人体营养中所占据的地位的观点是纯推测而来的，且未经实验证实，但这并没有阻止他将这个观点变现。他的"李比希肉类精选"，一种由乌拉圭牛肉制成的精选牛肉，被包装成可以使身体健康的"表现强劲的万灵药"进行广泛销售。冯·李比希认为，肉食是令人类强壮的食物，又因为他是一位有名的科学家，很多人都相信他的观点。

蛋白质迷思席卷了 19 世纪的德国，并扩散至全世界，力挺这种观点的不仅仅是冯·李比希，这其中也有李比希的学生卡尔·冯·福伊特（Carl von Voit）的功劳。尽管冯·福伊特确实做了不少实验，让我们更好地理解了蛋白质的作用，但他的营养学建议是建立在相当不可靠的科学基础上的。他计算了士兵、劳动者、囚犯每天的蛋白质摄入量，并且通过得到的数据推测他们的身体实际需要多少蛋白质。这个实验方法论的问题非常明显，就像通过观察那些曲奇不离手的儿童，得出儿童的生长需要数以吨计的糖这样的结论。冯·福伊特建议体力工作者每天应当摄取高达150克的蛋白质，并且每天摄取的营养最少35%要来自肉类。这个观点迅速地在19世纪的精英中大行其道，其实这些精英大部分已经是虔诚的肉食爱好者。很快，甚至连维生素C缺乏症也被归咎于蛋白质摄取不足。

蛋白质迷思在过去是不可动摇的存在，但是在接下来的时间里，设计巧妙的实验让德国科学家们的学说蒙上了阴影。1944年，美国农业部（USDA）推荐成年男性每天摄取70克的蛋白质，成年女性每天摄取60克，"无论每天的活动量有多少"，冯·李比希和冯·福伊特让大家过度摄取蛋白质的建议开始迅速失去市场。如果没有恶性营养不良病的存在，它们可能会完全消失。

在加纳，恶性营养不良病意为"第二个孩子降生之时，第一个孩子感染上的恶魔"。它当然不是恶魔，而是一种疾病。这是一种年长的孩子更容易患上的疾病，因为他们被自己新出生的兄弟姐妹抢走了母亲的乳汁，以保证新生儿的喂养。一旦第一个孩子断奶并且开始食用营养价值不高的淀粉类食物，他就可能腿部浮肿，臭名昭著的腹胀也会开始，于是他就会变得很容易感染疾病。20世纪50年代在乌干达的观察，让科学家们相信这种疾病是源于过低的蛋白质摄取。于是这个世界很快陷入了所谓的"蛋白质恐慌"，伴随着慈善机构和政府对发达国家和发展中国家间存在的"蛋白质差距"的担心，大批的脱脂牛奶和食用鱼粉被送往非洲，用于缓解非洲儿童的蛋白质摄取不足。但事实的真相是，正如20世纪70年代的科学家们承认的那样，比起蛋白质摄取不足，恶性营养不良病更多地和饮食摄取不足有关。如果你的总饮食摄取过少，你的身体将会为了能量而消耗你摄取的蛋白质，而不是用它们去制造属于你自己的蛋白质——例如胰岛素、胶原蛋白或者抗体。

总的来说，热量充足的膳食也会提供足够的蛋白质。当然，我们是能够想象一种充满热量但几乎没有什么蛋白质的饮食——例如棉花糖养生法。但是如果你的饮食非常均衡，你就会比较安全，即使你是一个素食者。更重要的是，我们之所以在曼哈顿上城的街上看不到很多恶性营养不良病病人，是因为在西方很难遇到这样的情况，除非你是真挨饿，或是艾滋病人，或是药物成瘾者。膳食研究结果也表明，即使是在发展中国家，蛋白质的缺乏本身也从来不是问题，问题从来都只是整体食物的匮乏。一旦儿童被提供了含有充足热量的膳食，在大多数情况下，他们的蛋白质摄取都是充足的。很快大家也发现，过去人们所认为的儿童蛋白质需求量是过高的，这一数据是通过在老鼠身上进行的实验计算出来的，但是非灵长类动物比人类婴儿生长的速度快得多，因此仔鼠比人类幼崽需要更多的蛋白质。这也反映出老鼠母乳的蛋白质含量，远比人类母乳里的要多得多。（和其他哺乳动物相比，人类母乳里的蛋白质含量也相当的低。）一旦这种错误的认知得到更正，儿童的蛋白质需求量就被砍到了只有 1940 年的一半，对"蛋白质差距"的担忧消失了，但是关于蛋白质的迷思依然存在。

如果你翻阅今天的消费类杂志，特别是那些男士杂志，或者如果你浏览网上和营养学有关的网页，很快就会发现"蛋白质迷思"仍然十分坚挺。"简单来说，我们的肌肉就是肉类，所以我们需要通过吃肉来增肌。"《弗雷斯》（*Flex*），一本健身杂志如是说到。"肌肉是由蛋白质组成的，所以如果想要养成精瘦的体格，你就需要摄取蛋白质，而且是足够的蛋白质。"《肌肉和健身》（*Muscle & Fitness*）在一篇文章里这样警告道。

那么，实际上我们到底需要多少蛋白质呢？根据疾病预防控制中心（CDC）的建议，1 千克体重的蛋白质的推荐日摄入量是 0.8 克，对于所有成年人来说都一样，不论男性或者女性，也不论你是根本不运动的"懒人"还是健身达人。推荐日摄入量（就像英国参考营养摄入量一样）是设计好的，因此对于 97% 的人来说，每天消耗这么多的蛋白质是绰绰有余的了。所以，蛋白质的推荐日摄入量不仅可以满足正常的成年人 1 天所需，也可以满足那些蛋白质需求超出常人的人，比如癌症患者，或者其他疾病的患者。一个普通美国人 1 天的蛋白质需求量，根据疾病预防控制中心的说法，0.66 克/千克体重就够了。但这并不代表蛋白质就不重要了。它们很重要，而且需要摄取它们，不需要食用的只不过是动物肉。

蛋白质迷思之二

关于蛋白质的第二个迷思是蛋白质等于肉类，以及因为不吃肉，素食者在某种程度上正危害着自己的身体和精神。这个特别的误会深深地根植于人类的历史，但是它的某个现代版本可以追溯到 1971 年的一本畅销书——弗朗西斯·摩尔·拉佩（Frances Moore Lappé）所著的《一座小行星的饮食方式》（*Diet for a Small Planet*）。这个迷思开始于一个正确的假设——不是所有的蛋白质都是一样的重要，有些蛋白质对你的作用要远远大于其他的。蛋白质的价值完全取决于组成它们的氨基酸成分。蛋白质是由大约 20 种常见的氨基酸组成的，这些氨基酸像珍珠项链一样地聚集起来。当你食用富含蛋白质的食物时，你的身体会将蛋白质分解成氨基酸（想象一下从破碎的项链上掉下来并散落在地板上的珠子），然后把它们重新合成你自己的、不一样的蛋白质（就像一条新的项链）。你的身体可以自己合成少量的氨基酸，这些氨基酸不需要通过进食来获得，它们被称为非必需氨基酸。其他的氨基酸是必需氨基酸，你必须通过饮食去获取它们。有些蛋白质含有所有的九种必需氨基酸，这种成分完整的蛋白质被称为完全蛋白质。鸡蛋里含有的蛋白质就是完全蛋白质，肉类里的蛋白质也一样。但是大部分的植物缺乏一些必需氨基酸。例如，如果你只吃豆子，你就无法获取蛋氨酸，你的身体机能会很快开始衰落。如果你是一个素食者，这听起来可能会很恐怖，但好消息是所有的必需氨基酸都可以在植物里找到，它们分布在不同的蔬菜、水果和谷物里。所以即使豆子缺乏蛋氨酸，你依然可以在谷物里获取这种氨基酸，这就使得黑豆玉米煎饼成了一种完美的蛋白质搭配。另一种经典的组合是花生黄油三明治，但是如果你不能同时食用谷物和豆类呢？弗朗西斯·摩尔·拉佩给出了答案。1971 年，当她的书第一次出版时，她建议人们应当适当食用植物氨基酸，以达到相对于肉类的蛋白质均衡。如果素食者足够小心并且详细地计划他们要摄入的必需氨基酸，就不会出什么问题。

当然，问题往往就出在计划上。你必须意识到哪种植物缺乏哪一种必需氨基酸，并且制订相应的饮食计划。早上 9:00 匆匆地吃了一勺花生酱，直到中午才又吃一片面包并不会有什么帮助，你必须一起食用它们。有关素食主义的书籍中开始增加一些补充蛋白质的图表，但也只是给肉食主义者的"植物性饮食是一场迟早的灾难"的观点增加了佐证。

我们现在知道，素食者不需要去刻意计划他们的氨基酸摄入量来保障他们每餐都能摄取所有的氨基酸，正如杂食主义者不需要去刻意计划他们的维生素摄入量。人类的身体能够完美地自我补充蛋白质。在拉佩这本书的 20 周年纪念版里，她承认："在与'肉类是获取高质量蛋白质的唯一途径'这一迷思斗争的同时，我强化了另一个迷思……事实上，这比我想得更容易。"

不仅对需要摄入的氨基酸进行详细计划是毫无意义的，有很多植物性食物也和肉类一样富含高质量的蛋白质，大豆就是一个例子，荞麦、藜麦，甚至土豆都是。如果你只吃土豆类的食物（早餐吃薯条，午餐吃蔬菜泥加薯片，晚餐吃土豆煎饼），你的身体将会得到它所需要的所有必需氨基酸。每天吃 1.4 千克土豆就可以达到预期的效果。

如果你是一个西方人，你很有可能不需要担心是否能摄入足够的蛋白质，因为事实正好相反，生活在发达国家的人往往摄入了过量的蛋白质。美国人通常的蛋白质摄入量是他们所需要的 2 倍，甚至专业的奥林匹克运动员也不需要在他们的三餐里添加额外的蛋白质，他们的蛋白质需求量最多比普通人稍高一些——每日 1.2~1.7 克 / 千克体重。爱运动的人会燃烧大量的卡路里，斯科特·杰里科，世界上最好的超级马拉松赛选手之一（也是一个素食者），曾经告诉我，他每天必须摄入 6 000~8 000 卡路里来满足他所做的所有运动。由于高于常人的热量摄取，专业的运动员会很容易通过他们的常规饮食达到其所需要的蛋白质标准。如果你一周去几次健身房，你每天基本上只需要 0.8 克 / 千克体重的蛋白质，就像其他人一样。正如布雷斯林在果蝇实验室里告诉我的那样："想拥有像施瓦辛格一样体格的人，为了增肌，往往会摄入大量的蛋白质，但他们永远不会像大猩猩一样肌肉发达，即使大猩猩从来不吃肉。"

更重要的是，过度摄入的蛋白质不仅危害身体，甚至会导致死亡。斯蒂芬森（Stefansson）是一位长期活动在北极圈的冰岛裔加拿大冒险家，到1919 年为止，他在北极圈以北总共度过了 10 个冬天和 12 个夏天。在长达一年半的时间里，有些时候，他会住在加拿大北部的冰冻区域里，除了过着用步枪打猎的野外生活，不做任何事，在没有新鲜蔬菜、面包、茶、甚至一撮盐的情况下，他活了下来。尽管斯蒂芬森相信人类可以在没有蔬菜（事实上他在一次旅行中试图带 7 千克蔬菜上船）的情况下靠肉活得很好，但他也描述过过于精瘦、蛋白质含量非常丰富的肉的危害："如果你通常只食用含有一定脂肪的普通食物，但突然有一天你只能吃兔子了，在最初的几天，你会吃更多的食物直到……饥饿和蛋白质中毒同时出现……除非你补充脂肪，否则你将会开始长达 7~10 天的腹泻。几周之后死亡可能会降临。"这种情况被称为"兔饥饿"，在 19 世纪和 20 世纪被许多旅行者提到过。即使没有任何人在人身上做过"兔饥饿"实验（我觉得大概很难找到志愿者），相当多的研究也足以表明，如果一个人所需的 35% 以上的热量都来源于蛋白质将非常危险。例如，如果你是一个 50 千克重的女人，可能每天 125 克的蛋白质对你来说都是过量的，去一次麦当劳可能就会使你的蛋白质摄入量超标（香辣鸡翅 10 块就含有 60 克的蛋白质）。如果你过度沉溺于动物性蛋白质会发生什么呢？也许你的肾脏不能正常运转，如果你是一位糖尿病患者，甚至会肾衰竭。富含高蛋白质的食谱也会把你送上骨质疏松、心脏疾病甚至癌症的道路。研究表明，食物中蛋白质含量远远高于碳水化合物含量的老鼠寿命更短，尤其是含动物蛋白质者。在更普遍的情况下，你可能会有便秘的风险。直到 19 世纪中叶，便秘都被认为是美国人的国民性疾病，这种疾病正是源自美国人重肉食而轻蔬菜的饮食习惯。

食肉可能并非因为营养素需求

如果肉类不是人类获取蛋白质的必要途径，那又是什么成分使肉食成为不可替代的食物，或者至少比植物类食物更好呢？难道是一些重要营养成分的缺失，让我们的身体渴望更多的肉食？当你去了解素食者的饮食时，通常需要去注意一些维生素和矿物质——铁、维生素 B_{12}、锌，是不是由于这些营养成分的缺乏而让人们渴求肉类呢？

如果有的话，铁元素是最有可能的候选，因为不是所有食物中的铁含量都是相同的。有些铁元素以亚铁血红素的形式存在，并且只存在于动物制品中，如肉类、鸡蛋、鱼。剩下的铁元素都是非亚铁血红素铁，既存在于肉类、蛋类和其他动物性食物中，也存在于植物里——特别是豆子、菠菜和坚果。如果你听说过亚铁血红素铁和非亚铁血红素铁，就有可能认为亚铁血红素铁更容易被身体吸收，因此亚铁血红素铁对你的身体更好。但是越来越多的研究表明亚铁血红素铁可能并没有那么好，以及有时候贫血可能是好事（是的，没错）。

亚铁血红素铁存在什么问题呢？它会增加患癌症和心血管疾病的概率。很多媒体大力宣传一些研究，这些研究将摄取红肉与癌症和心血管病联系到一起，将亚铁血红素铁指认为可能导致这些疾病的元凶。至于贫血，它并不总是由铁元素的摄取不足导致。尽管贫血是世界上最严重的营养不良——在一些极度贫困落后的国家，几乎一半的儿童和妇女都患有贫血，但给他们提供牛排和培根并不能解决问题。研究表明，膳食中铁的缺乏与遗传缺陷、慢性炎症和寄生虫感染相比，并不是什么严重的问题。例如，在坦桑尼亚的学龄儿童中，73%的严重贫血是钩虫感染造成的（那是因为爬行的钩虫导致了小肠出血）。然而，贫血并不总是坏事。不断有证据显示，贫血可以保护我们，使我们远离一些感染性疾病，例如疟疾、结核病，甚至是艾滋病。大部分的细菌和病毒在人体里生存都需要铁，如果铁元素不足，它们就不可能繁殖到足以吞没免疫系统的程度。曾经有过这样的观点，贫血其实是生活在传染病高发地区的人类对环境的一种适应。肉食稀缺的膳食结构事实上帮助了我们的祖先在过去卫生条件不好的环境里生存了下来。

今天，西方的素食者不会比杂食者更容易患上贫血症。即使非亚铁血红素铁不太容易被人体吸收，但现代植物性饮食中的铁含量更为丰富，弥补了这一不足，而且不仅仅是菠菜和西兰花可以使素食者摄取足够的铁，许多植物性饮食都可以做到这一点。当然，在过去就不一样了。如果你生活在中世纪大约1300年的一个欧洲村庄，并且除了萝卜几乎不吃别的食物，你的贫血风险就要高得多。这时候，吃牛排就会改善这种现象。

然而，一些研究确实发现，即使是现代的素食者，也可能比杂食者拥有的铁储备更低。这就像在食品储藏室里存储的食物不够丰富——你仍然很好（没有贫血），但在不久的将来更有可能出现缺铁现象。但是，较低的铁储备并不一定是件坏事。首先，如果一个人的铁储备很低，他的身体就会更有效地吸收食物中的铁；其次，低铁储备可能是绝经前西方女性患心血管疾病的风险低于男性的原因。

那么锌呢？锌是让我们迷上肉的原因吗？毕竟，植物性食物中的锌并没有像肉类中的那样容易被吸收。但是，答案再一次是否定的。一项又一项的研究表明，无论肉类生产商希望我们相信什么，素食者都不会有任何缺乏锌的症状。

然而，有一种营养物质现代的西方人类只能从动物性食物中获得，那就是维生素 B_{12}。植物里并没有这种化合物，海带、豆豉和味噌都被认为是获得维生素 B_{12} 的好来源，但其实它们只含有不活跃的维生素类似物，并不能有效地避免维生素缺乏。能够获得维生素 B_{12} 的食物是肉类、蛋类和乳制品。如果你不能摄取维生素 B_{12}，你的神经可能就不会正常工作，身体就不能制造出健康的血细胞。

如果你想知道我们的祖先是如何在没有任何牛奶、蛋类或肉类的（毕竟这是普遍的）旧石器时代生存下来的，想知道他们为什么没有像因缺乏维生素 B_{12} 而死去的果蝇那样，这个问题的答案很简单：尘土。肉类中的维

生素 B_{12} 不是来自动物本身，而是来自微生物。维生素 B_{12} 是由生活在植物根部的土壤中的细菌所产生的，当动物吃草、树叶、水果等时，它们就会进入动物体内，肉类因此含有了维生素 B_{12}。这就是为什么在发展中国家，维生素 B_{12} 缺乏的现象并不普遍，因为那里的人们不像西方人那样热衷花大把时间清洗蔬菜。然而，这并不意味着每一个美国素食者都应该冲到最近的沟渠附近，一日三餐都食用沟里的土壤。其实维生素补充剂就够了，或者摄入足够的维生素 B_{12} 强化食品，比如谷物和豆奶。对于素食者来说，他们定期摄入的鸡蛋和奶制品通常足以让他们的身体获取充足的维生素 B_{12}。

因此，似乎并不是维生素 B_{12} 让我们的身体依赖肉类食物，就像不是蛋白质、血红素铁或锌一样。但是，如果肉里存在某种我们尚未发现的化合物，比如说在 2030 年，也许科学家们将会最终确定一些营养物质，之后所有的素食者都不得不尴尬地低下头承认：杂食者一直都是正确的，我们的身体确实需要肉。

即使是现在，一些更鲜为人知的化合物也被认为是肉类具备超营养力量的原因。2013 年在土耳其举行的一次会议上（顺便说一下，这是由肉类行业赞助的）发布的一项研究表明，肌肽和鹅肌肽，这两种目前只在肉类中发现的抗氧化活性肽，是可以促进我们健康的物质。但事实是，无论多少种"新"的化合物被置于聚光灯之下，我们都不太可能在肉类中找到任何对我们身体来说是必需的，甚至比植物食品中所含有的营养成分更健康的东西。这是为什么呢？可以参考比较素食者和食肉者的整体健康状况的纵向研究。

在第一次世界大战期间，一场不同寻常的自然"实验"在丹麦展开。到 1917 年 1 月，协约国海军对这个国家（当时被德国占领）的封锁导致了粮食和化肥的严重短缺。几个月过去了，饥饿的威胁越来越大。米凯尔·海希德（Mikkel Hindhede）是丹麦最顶尖的营养学家之一，一些人称其为"杀死快乐的传教士"，他提出了一个极端的建议：屠杀该国大部分的猪，并将谷物供人类消费。他的建议很快就被人接受了。一夜之间，几乎所有的丹麦人都开始吃素。他们只吃少量的黑麦面包、大麦粥、土豆、绿色蔬菜、牛奶和一些黄油。随后，丹麦人不仅摆脱了饥饿，而且在 1 年内，由于疾病导致的死亡率下降了 34%。后来，1917 年 10 月~1918 年 10 月被称为"健康年"。当然，这些好的转变也可能是由其他因素造成的，例如，丹麦人也减少了自己的啤酒饮用量。但是如果肉真的是那么不可或缺的话，那么应该会有更多的人死在这个封锁期，而不是更少。

许多研究表明，素食者的死亡率比杂食者低，而且不太可能死于癌症或心脏病。例如，生活在加利福尼亚的素食的安息日会教徒，平均寿命比其他的加州人要长 9.5 年（男性）和 6.1 年（女性）。"几十年来，营养学家们一直知道，植物性饮食提供了足够多的蛋白质。在我们的研究中，我们不断地发现，当人们的饮食从动物性转向植物性时，他们的饮食里的维生素、纤维和其他重要的营养成分会变得更丰富。从来就没有增加动物性食品的必要。"乔治华盛顿大学的医学教授尼尔·伯纳德（Neal Barnard）说道，他对植物性食物的营养进行了大量的研究。

当然，任何人都可能把膳食安排得很糟糕，这同时适用于吃植物性食物的人和吃肉的人。例如，一个只靠油炸培根和意大利辣香肠比萨来生存的人，很快就会缺乏维生素 C 和维生素 K。果食性饮食也可能是危险的，就像生机饮食法一样，或者是那些由罗伯特·阿特金斯（Robert Atkins）和皮埃尔·杜坎（Pierre Dukan）提出的方法（英国饮食协会说他们没有做到营养平衡）。

但是，我们不能仅仅因为在 21 世纪的西方世界，肉类中没有什么可以让我们保持健康的营养物质，而我们也不需要利用这些营养物质来保持健康，便认为一直以来世界就是这样的。甚至是在今天，这种说法也未必属实——在地球上的一些地方，比如北极地区，唯一可吃的食物可能是肉类。想象一下：如果你在沙漠中徒步旅行，没有多少可饮用的水，那么从充满细菌的肮脏小溪中饮水是一个好主意，尽管有健康风险，你也应该这么做（脱水很不健康）。但是如果你徒步旅行，双肩包里装满了矿泉水，那么用小溪里的水填满你的杯子不仅是不必要的，而且是一个相当糟糕的主意。吃肉就像喝小溪里的水一样，有时是绝对重要的，但如果你的周围有很好的植物性食物，肉类不一定是最好的选择。

在近代，世界上绝大多数人的饮食是匮乏的，很少有蔬菜可供选择，也很少有谷物可以烹饪，而且在北方，几乎没有植物油可以提供热量，通常也没有足够的蛋白质来抵抗饥饿。人们需要肉类，因为他们没有丰富的食物。这也正是我们对一个病恹恹的、瘦骨嶙峋的素食者产生刻板印象的原因：在过去的几个世纪里，大多数素食者都不吃肉（或其他任何东西），因为他们太穷了，所以常常忍饥挨饿。"你需要肉类来维持生存"的传统可能已经被铭刻在我们的文化中，就如一个强大的神话，它让我们继续渴望肉类。

然而，还有另一种理论，可能有助于解释为什么人类渴望肉类而不是豆类及其制品或螺旋藻。根据这种理论，这一现象源于我们的"自私基因"。进化不一定有利于那些活得最久的人；它偏爱那些生育能力强的人。研究表明，人们摄入的动物蛋白质越多，就越容易怀孕，也就会生出越多的孩子。与素食者相比，那些饮食中肉类丰富的女孩月经初潮来得更早。正如一些研究表明，如果这种差异大到三四年，那就意味着食肉者有机会多生几个孩子。事实上，这些多产的父母可能过早地死于癌症或心脏病，而与自私的基因无关。

除了让我们更早生育，肉类不太可能在营养方面让我们上瘾。在牛肉或猪肉中，没有什么营养成分是植物性食物所不能提供的。我们应当不喜欢吃肉，因为我们必须这样做才能保持健康。是的，肉可以很好地防止我们的"蛋白质饥饿"，但是花生酱三明治也可以。是的，肉是铁的重要来源，但甘草也是。没有任何营养是波兰人只能从香肠和炸肉排等肉类中得到的（从营养成分的角度），没有任何东西可以让我们在 20 世纪 80 年代的肉店里忍受漫长的等待这件事变得合理。

然而，对于非洲或南美洲的许多部落来说，肉类饥饿可能是非常真实的。

如果周围没有其他蛋白质，那么肉类可以帮助人们满足他们对蛋白质的需求。事实上，过去我们经常需要肉类提供营养，因为几乎没有其他食物可以食用，而食用动物蛋白质有利于我们乐于繁殖的自私的基因，这可能会让我们的味蕾对自动物肉中发现的化合物的特定混合物极其敏感。西方人可能不再需要通过食用肉类去保持健康了，但我们的舌头和鼻子显然没有忘记对肉类的渴求。它们仍然让我们渴望肉类的味道——它是脂肪的鲜味，是美拉德反应的产物，它让我们上瘾，即使吃肉可能损害人类的福祉。

第 4 章

爱意的化学反应：
鲜味、芳香和脂肪

食肉可能是味觉的偏差

这个公寓位于费城南部的沃顿街道和东帕斯昂克大道之间，附近车水马龙。今天烈日当空，很热，湿热，非常吵闹且交通拥堵。这里是费城奶酪牛排王国的中心，在这方寸之地，几乎坐落着所有费城最好的奶酪牛排餐厅。太多的餐馆在这里烤制牛排，以至于空气闻起来都是牛排的味道。

我来到这里是因为我要去吃肉——为了科学研究。要食用牛身上的一部分，而且曾经是活生生的、呼吸着的一头牛，对此我感到非常的愧疚，但同时我又很兴奋——费城奶酪牛排在国际上享有盛誉，是美国最好的肉类菜肴之一。我来到这里也是因为想知道是什么让奶酪牛排和肉变得如此美味。

"帕特的牛排之王"是一个朴素的三明治店，店里红色的桌子和长椅散落在人行道上。这家店铺是由帕特·奥利维里（Pat Olivieri）在20世纪30年代创立的，他声称自己发明了有史以来第一块费城奶酪牛排——在一个柔软的面包卷上，将融化的奶酪涂抹在薄薄的烤肉上，这样的组合让人垂涎欲滴。奥巴马（Obama）总统、参议员约翰·F.克里（John F. Kerry）都来这里吃过饭，还有很多名人也光顾过这里，他们的照片都被老板挂在墙上。

今天，这里又排了一长串的顾客，每个人（经过点餐窗口时）都迅速而果断地加购了洋葱和奶酪。当我大口大口地品尝三明治时，嘴里旋即充斥了浓郁的牛肉味。肉很肥美，很香，很好，非常好。我能真切地理解（更确切地说，品味）这里所有的小题大做，奶酪牛排的味道真的很吸引人，甚至对那些不吃肉的人来说也是一样。

到目前为止，美国死囚们请求他们的最后一餐时，最普遍的要求是吃肉。研究显示，74% 的美国男性和 61% 的女性渴望食用肉类，就像其他人渴望吃巧克力或冰激凌一样。我们早就知道为什么冰激凌和巧克力对我们的味觉有如此大的吸引力——它们是令人满足的糖和脂肪的混合物。但是，肉类有什么特别之处以至于我们的味觉如此偏爱它们呢？即使有越来越多的科学数据表明肉类有害健康（如引发癌症、心脏病和 2 型糖尿病），培根和牛排对我们的吸引力依然不减，这又是为什么呢？

当我向加里·比彻姆（Gary Beauchamp），一位生物心理学教授和味觉感知专家，提到我去吃奶酪牛排的经历时，他笑了。"哦，是的，奶酪牛排真的非常好吃。"他说。比彻姆是费城莫奈尔化学感官中心的前任主任，世界上大量的味觉和嗅觉研究都是在那里进行的。保罗·布雷斯林的果蝇实验室也来自同样的机构，这不仅仅是巧合。虽然莫奈尔实验室低矮的天花板有 20 世纪 70 年代的感觉，但在这里进行的研究是 21 世纪的。办公室门、化学试剂瓶和实验室老鼠的笼子上都印着科学家们的名字（确保科学家之间的工作不发生混乱），这些名字都是那些经常出现在报纸杂志封面上的人名。

比彻姆在一楼的办公室里堆满了所有常见的科学用具：堆满桌子的文件、装满纸盒的广口瓶、挂在墙上的民族面具。比彻姆本人看起来就像一位典型的杰出科学家：身材瘦削，有银色胡须和温柔的微笑，并且喜欢谈论研究。

当我问起是什么让肉如此吸引我们的味蕾时，比彻姆想了一会儿，然后回答道：不只是一个因素，而是由很多个因素的集合导致的。肉类富含鲜味，它有很多脂肪，而且这个脂肪和鲜味的组合是相互影响的。

比彻姆认为，肉类吸引人类的关键在于，肉在烹饪过程中变成褐色时，会产生入味的脂肪和鲜味的独特混合物。这一过程被称为美拉德反应，这个反应产生了特别吸引人的味道。然而，你如何看待这种混合物，取决于你的基因、嗅觉，以及舌头上细微的、蘑菇状突起的数量。这些蘑菇状突起被称为菌状乳头，是味蕾的栖息地。

我们可以检测到五种基本的味道：咸、酸、苦、甜和鲜。一些科学家认为，越来越多科学家可以成功地检测出脂肪的味道，而那些试图证明钙或金属味道存在的研究人员却总是失败。有些人甚至宣称，我们也许能感知到像电和肥皂这样的味道，但能支持这个观点的数据却很少。我们所知道的是，你在旧科学教科书中偶然发现的起源于 1901 年的舌头或味觉地图所说的，我们舌头的特定区域只能检测出某种特定的味道，这是不正确的。事实上，你舌头上的几乎所有区域都能感知到所有的味道。事情是这样的：你将一块食物（比如一片培根）塞进嘴里，唾液能使食物变得更美味，并帮助释放出食物中能唤起味觉的分子，如氯化钠，它负责咸味，或者能使人感觉到鲜味的谷氨酸钠（MSG）。这些分子向你的味蕾移动，并与它们表面的特定受体结合。之后，大脑中有三种被称为脑神经的主要神经，会把味觉信息传递给大脑，让你产生厌恶或者渴望。苦味和酸味通常是在警告你口中的食物可能有毒或已经变质，甜意味着含碳水化合物和热量（好的），咸代表钠（我们身体的正常运作所必需的），而鲜味最可能意味着蛋白质。

在感知味道这件事上——对食物的味道做出反应，我们并不是生来平等的。每个人舌头上的菌状乳头的密度不同，因此我们拥有不同数量的味蕾。我们中的一些人可能只有 2 000 个味蕾，而有的人的味蕾却多达 8 000 个。

"菌状乳头的数量会影响我们的味觉"这一发现是近年来的成果，尽管其渊源可以追溯到 1931 年一个令人费解的实验室事件。就在那时，阿瑟·福克斯（Arethur Fox），一位在特拉华威尔明顿的杜邦化学公司工作的科学家，在一次实验中，他不小心打翻了一种叫作苯硫脲（PTC）的物质。当他的同事 C . R. 诺勒（C. R. Noller）抱怨闻到了恶心的味道时，福克斯感到十分疑惑，因为他闻不到任何气味。为了证明诺勒是错的，他把一些白色的粉末放在舌头上，却发现对他来说，这些粉末没有任何味道。这次经历促使福克斯开始了对 PTC 味道的研究。很快他发现，有些人（比如他的同事诺勒）可以感知这种物质令人难以忍受的苦涩；而有一些像他一样的人，却完全无法感知到粉末中的任何味道。据福克斯计算，约有 28% 的人尝不出 PTC 的苦味。福克斯没能弄明白为什么有些人对 PTC 过于敏感，而有些人则不然。佛罗里达大学的耳鼻喉科教授琳达·巴托舒克（Linda Bartoshuk）在 60 多年后终于解开了这个谜团。

巴托舒克是一位留着短发、戴着眼镜的女士。因为她的父亲，她成为一名味觉研究员。"我上大学时，他患了肺癌，最让他烦恼的是，他的味觉出现了问题，"巴托舒克用她那坚定、坦率的声音在电话里告诉我，"我的姑姑，他的姐姐，给他做了一种特殊的牛肉罐头，希望能让他感到高兴点。但是，他却觉得罐头很难吃，是金属味道的，尝起来很奇怪。几年之后，当有人问我为什么要研究味觉的时候，我才意识到，从那以后，我一直在努力解决那个难题。"

但在她设法找出癌症是如何改变我们的味觉之前，巴托舒克最终解决了福克斯的 PTC 味觉难题。她开始注意到，无论她研究苦、酸还是甜的味道，同样的一拨人总能得到最高的分数。有一天，她让她的同事，一位解剖学者，到她的实验室去看一看那些高分者的舌头。"他惊呆了，"她回忆道，"他说他以前从来没有见过这样的舌头。"她的同事注意到，这些味觉超常者（巴托舒克这样称呼他们）有更多的菌状乳头，所以他们比中等水平味觉者或低水平味觉者的味觉密度要高。

如果你想知道你是不是一个味觉超常者，巴托舒克推荐了一个简单的实验：在舌尖上涂上可食用的蓝色涂料，然后将一个大约 0.6 厘米直径的穿孔强化标签贴在舌尖上，在镜子前数一数在强化环中有多少个粉红色的凸起；或者让一个朋友用放大镜数一下肿块，这些突起就是你的菌状乳头。蓝色的食用色素不会染色，所以它们的颜色会比舌头的其他颜色更浅，而且很容易被看到。如果你有 35 个或更多的突起，你很可能是一个味觉超常者。不管你是不是味觉超常者，味蕾对味觉的感知都有显著的影响，它甚至会影响你对肉的喜爱程度。

正如我所预料的那样，上述的计数实验证明了我是一个非味觉超常者。在强化标签内，我的舌头上只有 10 个菌状乳头。为什么我一直怀疑我是一个非味觉超常者？因为有很多迹象表明这点。像我一样的非味觉超常者，不仅对食物中的苦味不那么敏感，而且对口腔疼痛也更不敏感，包括辛辣（辣不是一种味道，巴托舒克告诉我，那是一种痛苦的感觉）。非味觉超常者喜欢喝黑咖啡，不介意红酒里的单宁酸，与味觉超常者相比，他们也更倾向于食用各种各样的蔬菜。味觉超常者们所面临的问题是，多数蔬菜中都含有一种叫作植物素的苦味化合物，这种物质可以作为天然的杀虫剂，保护植物免受寄生虫和食肉动物的侵害。豆类、卷心菜、球芽甘蓝、西葫芦、生菜、柚子——含有植物素的水果和蔬菜的清单很长。如果你是一名非味觉超常者，你可以很高兴地享用这种富含营养的肉类替代品，如木豆或鹰嘴豆泥；但如果你的味蕾特别丰富，吃素食对你来说可能会很辛苦。不过，这并不意味着你应该完全放弃苦味的蔬菜。在蔬菜中发现的苦味植物素，比如酚类化合物或类黄酮，实际上是对健康非常有利的。它们可以降低患心血管疾病和部分癌症的风险，可能有助于治疗一些免疫性疾病，并帮助控制 1 型糖尿病。

然而，作为对苦味敏感的味觉超常者，听起来像是对有些人可能不喜欢健康的蔬菜，并对肉类上瘾的一个完美的解释，但味觉超常与对肉类的渴望的关系其实并不是那么明确。一些研究表明，与非味觉超常者相比，味觉超常者食用的菠菜、菜花更少，他们更喜欢食肉；但其他实验报告却表明，比起苦味的含有动物性蛋白质的食物，味觉超常者更喜欢吃甜食。据巴托舒克说，味觉超常者对糖和肉的反应可能会更极端，因为一般来说，他们对食物的反应会更强烈，会更渴望他们喜欢的食物，同时更排斥他们不喜欢的食物。

美拉德反应产生的肉香令人垂涎欲滴

然而，感知味道只是你吃东西时口腔活动的一小部分。你可能会注意到乳脂的质感，嘎吱嘎吱的声音，或者是湿软感——这些都是由专门的神经元负责反馈的口感。在一片培根中，你可能会感受到青草的味道，或者一些坚果和泥土的味道——这些都是香气。当你咀嚼时，挥发性的化合物会被释放出来，并从你的喉部向你的鼻腔上转移，这一过程被称为"口腔嗅觉"。我们认为的肉的味道很大一部分其实是它的香气。

缺乏强烈的香味是我们认为生肉不是那么吸引人的原因之一，就连动物们似乎也都同意。比如当科学家向实验室里的小白鼠提供小块烤肉时，刚开始它们对这种烹饪的牛肉相当警惕，不过吃了几口之后，它们就会疯狂地享用烹调过的牛肉。在类似的实验中，黑猩猩、大猩猩和红毛猩猩都很清楚自己的喜好——烧烤和炖制使肉变得美味可口。其中一个主要原因就是前面提到的美拉德反应——碳水化合物和氨基酸在一个稍微潮湿、炎热的环境中的结合（温度在 300~500 华氏度[①]），会产生令人愉悦的香气，这令人愉悦的香味使我们失魂落魄。

1912 年，医生路易斯－卡米尔·美拉德（Louis-Camille Maillard）发现了这种反应。以现代标准来看，美拉德是一个时髦的人，他的头发喷着发胶，戴着超细镜框的圆形眼镜，还留了尖尖的胡子。当然，20 世纪早期的法国，在他生活和工作的地方，这种风格非常普遍。

虽然美拉德的名字现在几乎和食品加工中最重要的反应之一联系在一起，但是这位年轻的医生最初并不是很想知道为什么有些食物在变成褐色时尝起来会更为鲜美，不过他对肾脏疾病很感兴趣。有一天，当他把试管中的糖和氨基酸加热时，他惊讶地发现，混合物变成褐色的温度比预期的要低。随后，美拉德继续研究这种反应，并在 1912 年向法国科学院提交了

---

① 华氏度 =32 下摄氏度×1.8

他的研究结果。但他没能意识到它的烹饪意义，只是觉得他的发现对人类生理学，以及了解煤和肥料都很重要。直到后来他才发现，他所描述的反应是我们偏爱某些食物背后的原因。

有超过 1000 种物质可以引起肉的香味，其中的很多种就是在美拉德反应中产生的。有些闻起来像水果（丙位庚内酯），有些闻起来像发霉的味道（三甲基吡嗪），而还有一些可能有坚果、霉菌、烟、棉花糖、甚至被碾碎的虫子（3-辛烯-2-酮）的气味。尽管它们本身看起来没什么吸引力，但把这些物质混合在一起，就构成了令人垂涎的肉类的香味。"蛋白质饥饿"方面的研究人员布雷斯林开玩笑说，即使是上帝可能也喜欢美拉德反应的气味。他告诉我，《圣经》里有几段话，提到了烤制的动物祭品是如何制造出"献给上帝的香气"的。"为什么我们对这样的气味如此着迷？"一种解释是：在冷冻前，肉类容易被细菌破坏，而美拉德反应则使我们注意到食物已经煮熟，可以安全食用。

但是，美拉德反应有一个负面影响——它会产生丙烯酰胺——一种可能的致癌物。当氨基酸（乳制品、牛肉、家禽和鸡蛋中都含有氨基酸）与葡萄糖结合时，丙烯酰胺就形成了。美拉德反应的某些其他产物与糖尿病、肾脏疾病和心血管疾病也有关。看起来，尽管美拉德反应产生的令人愉悦的香味可能向我们的祖先指明了安全和营养的食物，但在我们这个拥有冰箱和抗菌药的时代，我们不应该那么相信这些诱人的气味，特别是如果我们想活过 35 岁，那是旧石器时代我们那些热爱美拉德反应的祖先的平均寿命。

脂肪是肉类的美味谜题中另一个重要的部分。脂肪的能量密度比糖高，因此是相当理想的能量补充物。对于我们祖先的生存来说，每当富含脂肪的食物出现时，识别并享用它们就变得至关重要。毕竟，过度沉迷于瘦肉（旱季非洲草原上大多数动物的状况）可能导致"兔饥饿"和死亡。

如果人体日常饮食超过 35% 的热量来自蛋白质，人类的身体就会出状况——因此我们需要脂肪来稀释这个比例。肉类脂肪的诱惑主要来自它的香味——所有那些从费城南部的沃顿街和东帕斯昂克大道之间的餐厅厨房里飘出的，甜美的、烧焦的、令人垂涎的气味，都吸引着我去购买一块奶酪牛排。但是，根据布莱斯林的说法，我本可以不用偏离素食路线去享用一份冰激凌或其他脂肪含量高的美味食物，也能让味蕾和大脑愉悦。"当你认为自己渴望食用肉类的时候，极有可能你真正渴望的是美味的脂肪。如果你吃了一些几乎不含脂肪的食物，一块剔除肥肉的、精瘦的肉，便可能无法满足你的渴望。不过，一碗富含脂肪的冰激凌就可以了。"他解释道。当你烹调一块猪肉或牛肉时，发生的不仅仅是美拉德反应——脂肪开始氧化，甚至更美味的气味冲向你的鼻子。脂肪也是不同种类的肉尝起来味道不同的最重要的原因。煮过或炖过的牛肉闻起来主要是一种叫作 12-甲基十三醛的醛，这种醛使得牛肉具有独特的脂味和微甜的香味。另一种强大的牛肉香味化合物是 2-甲基-3-呋喃硫醇，科学家们称其散发着硫黄、甜味和"维生素"的气味。与此同时，鸡肉的气味则是反式-2,4-癸二烯醛的味道，在低浓度的时候，它有橙子或葡萄柚的香味。

然而，让我们对肉上瘾的不仅仅是脂肪的味道。它的口感也一样——乳脂、汁液和嘎吱嘎吱的声音都告诉我们，肉里富含脂肪。神经影像学研究显示，大脑中特定的对脂肪敏感的神经元会对我们口中的脂肪的润滑性（滑腻）产生反应，这是一种愉快的体验。更重要的是，在过去的 10 年里，越来越多的证据表明，我们可以在我们的嘴里感受到脂肪的味道，就像我们可以尝出来咸味或甜味一样，这也许会使脂肪成为第六种基本味道。这种感知系统告诉我们的大脑脂肪存在于食物中，并能让身体消化脂肪，同时也给予我们食用脂肪的喜悦。把舌头涂成蓝色也能让你了解自己在食物中感知脂肪的能力。研究表明，你拥有的蘑菇状菌状乳突越多，你在某些食物中发现脂肪的能力就越强。例如，味觉超常者可能擅长区分低脂牛奶与全脂牛奶。但是，非味觉超常者有他们自己对脂肪做出反应的方法——实验表明，非味觉超常者更喜欢高脂肪的食物，因为他们在低脂肪的情况下十分难以察觉脂肪的存在。

但并非所有肉类中的脂肪味道都很好。想象一下，你穿越到了中生代，进入了一片茂密的森林，里面全都是蕨类植物和银杏。你正好带着一把巨大的霰弹猎枪，此时你饿得不得了，需要尽快找到食物，然而，这里没有一种你熟悉的、可供你狩猎的动物。当你环顾四周，你会注意到几种不同的恐龙在吃草或是四处走动。假设捕获它们需要类似的技能和努力，你应该杀死哪一个？哪些恐龙会成为最好的肉排？霸王龙？拥有最长脖子之一的蜥脚形亚目恐龙——有史以来地球上出现的最大的动物？或者也许是恐龙世界跑得最快的，像鸵鸟一样的似鸟龙吗？

动物肉的味道在很大程度上取决于它的饮食，它们所食用的食物影响了它们脂肪的组成和味道。世界各地的大多数人都喜欢草食性动物的肉，如牛、羊或鹿，因为食肉动物的饮食会给动物的脂肪添加一种腥味，这种味道并不让人喜欢。这就是狮子汉堡和猫肉排不太受欢迎的原因之一，也是霸王龙的肉很可能不会很好吃的原因。因此，你最好去猎似鸟龙。由于其非常活跃的生活方式（似鸟龙很能跑），这种恐龙的肉会由慢肌纤维组成，意味着它的肉会是红色的，有点像牛肉。似鸟龙的高活性水平也意味着它们的肉会很鲜嫩——第5种基本味道，这是人类喜欢肉的味道的最后一个原因。

鲜味让肉变得更加诱人

一位名叫池田菊苗的日本化学家花了1年时间才弄清楚番茄、肉类和海带有什么共同之处。1864年，池田出生在京都。此时，海带常用来制作一种名为狐鲣鱼汤的肉汤，这种肉汤是味噌汤和汤面的基础高汤。瘦削文弱的池田注意到狐鲣鱼汤的口味非常独特，与咸味、甜味、苦味或酸味都很不一样。他还注意到，每当他的妻子使用狐鲣鱼汤烹调汤时，这些汤都特别美味。1907年的一天，池田（当时是东京帝国大学化学教授）用一个巨大的、盛满了水和38千克干海带的蒸发皿，一起熬制肉汤。从他获得的肉汤中，他设法提取了28克谷氨酸钠，这是一种氨基酸谷氨酸盐的钠盐。

就是这样。池田坚定地相信，谷氨酸钠能够赋予我们的不仅仅是狐鲣鱼汤的美味，还有番茄、奶酪和肉类的味道。他称这种新味道为"鲜味"，即所谓的日式"美味"。

与美拉德不同，池田马上意识到他的发现不仅是科学理论的基石，也将有助于食品工业的实际应用。他很快就获得了以"味精"为基础的调味品的专利，并与一名从事生产碘的商人铃木助介签订了合约。铃木觉得池田的发现很了不起，所以决定对其进行投资。不久，铃木制药公司开始以"味之素"为名，制造和销售味精，日本人称其为"味的精华"。今天，味之素公司已成为日本一家重要的公司，并在 26 个国家开展业务，它销售了世界上 40％的阿斯巴甜甜味剂，并是全球最大的味精调味品生产商。如果你到附近货源充足的杂货店去购买味精，那么最有可能出现的就是味之素特有的红色包装。

不过，从一开始，西方科学家就对池田的发现持怀疑态度。所以这种美味花了将近一个世纪才在西方被广泛接受，并被承认是第 5 种基本味道。大多数西方科学家曾认为鲜味只不过是其他 4 种味道的组合，并声称创造鲜味的只是咸味、甜味、酸味和苦味的正确配比。然而，没有人成功实现这一目标，且并不是因为缺乏尝试。直到 2000 年，鲜味终于得到了重大突破。那年，三位美国科学家在人类舌头上找到了鲜味受体，这一发现很快得到了其他研究人员的证实。鲜味正式进入了基础口味的万神殿。

在自然界中，有 3 种物质造就了鲜味：氨基酸谷氨酸盐（是巴马干酪、酱油、晒干的番茄和腌制的肉类背后的美味），存在于肉和鱼中的肌苷酸（IMP）和主要存在于蘑菇中的鸟苷酸（GMP）。当这些核苷酸中的一种或两种与谷氨酸结合使用时，一道菜的鲜味会增加至单独使用谷氨酸的 8 倍。这种协同作用就是意大利辣香肠比萨和费城奶酪牛排成为如此令人垂涎的美味的原因——来自奶酪的谷氨酸，加上肉类中富含的 IMP 和来自蘑菇的 GMP 的协同作用（当然，你必须同时点你的奶酪牛排和蘑菇）。肉也是鲜味协同效应的一个特别好的例子：因为它同时含有鲜味化合物谷氨酸和肌苷酸，这使它能产生强烈而持久的"美味"。

所有这些对于最好的厨师来说都不是什么秘密——其中一些人称受益于鲜味协同效应的菜肴为"铀原子弹"，并热衷于在烹饪中使用这些物质。亚当·弗莱希曼（Adam Fleischman）是洛杉矶著名的鲜味汉堡餐厅的一名厨师，他将他的招牌鲜味汉堡命名为"鲜味×6"。这种汉堡将牛肉、烤香菇、烤番茄、焦糖洋葱、自制番茄酱和油炸巴马干酪结合在一起，使人们对鲜味的感知最大化。另一位知名主厨，塞特·贝恩斯（Sat Bains），在位于英国诺丁汉的一家米其林星级餐厅工作。他创造出了一种美味的"铀原子弹"——将牛肉泡在海带溶液中过夜，以获得肉中的肌苷酸盐和海藻中的谷氨酸的协同作用。

人类喜欢鲜味，我们甚至在母亲的子宫内（羊水中含有谷氨酸盐），随后在母乳中便已尝到鲜味（因为人类乳汁中的鲜味特别丰富，比其他大多数哺乳动物的丰富得多）。然而，很多西方人很难像定义甜味或咸味那样轻松地描述出鲜味。你不会听到美国人或英国人说："哦，这个汤不够鲜。"那么鲜味究竟是什么味道？为了找到答案，我决定试试比彻姆在莫奈尔中心访问期间向我推荐的实验。取两碗汤，给它们中的一碗添加一些你可以在大多数杂货店买到的味精，各喝一口汤并比较——差异应该是显而易见的。当我进行这个实验时，我立马就意识到哪个汤里有味精，它尝起来比另一个口感更丰盛、更可口和圆润。它让我尝到了"肉的味道"，正如人们通常认为的那样，尽管汤里并没有肉。不仅仅是我的舌头感受到了鲜味，而是整张嘴都感受到了——在我的上颚，我的脸颊内侧。有味精的汤味道更好吗？的确如此。

如果汤实验还不能帮助你准确地定位鲜味，那么你可能是一个鲜味盲。约有 3.5% 的人无法察觉味精的味道。同时，针对双胞胎的研究表明，我们对肉类和鱼类等蛋白质食物的喜爱是所有食物偏好中最容易遗传的。原因可能在于我们对鲜味作出反应的方式，并且我们中的一些人在区分这种特殊口味方面拥有更好的基因。其他实验也有同样的指向——对味精味道最敏感的人更喜欢富含蛋白质的食物，如肉类。 这是否意味着我们中对鲜味不敏感的 3.5% 的人更有可能成为素食者呢？ 在许多西方国家，素食者的比例就在 3.5% 左右波动，这只是巧合吗？ 也许就是这样一个巧合，也许不是。到目前为止，还没有研究调查对味精的不敏感性转化为选择素食的可能性。如果你认识任何一位研究营养学的学者，可以请教一下他们这个问题，也许会激发他们研究的兴趣。

尽管如此，有些素食者确实是因为无法品尝鲜味而坚持自己的素食饮食习惯。虽然大熊猫（属于我所讨论的素食者）属于食肉纲目，本应当是像狮子和狼一样的狂热食肉者，但它们基本上都是素食者。它们的饮食99% 由竹子组成：竹叶、竹笋和茎。一年内，一只大熊猫能吃掉超过 4 535千克的竹子。在大熊猫的饮食中，剩下的 1% 的食物来自像草、鳞茎和昆虫这样的竹子调味品。关于大熊猫，虽然它们有一个食肉动物的短消化系统，但它们的鲜味受体基因并不是功能性的，因此，大熊猫尝不出鲜味。失去了可以感知鲜味的味觉也许可以解释为什么大熊猫不再对肉感兴趣了。经过了几代，它们对肉类依赖的减少可能会导致鲜味感受器的丧失，这有助于让大熊猫持续酷爱吃竹子。自从熊猫尝不出鲜味，它们就不再喜欢吃肉也不再食用肉类了。

为什么鲜味对我们来说如此美味？ 为什么我们要寻找像熟肉那样充满鲜味的食物？ 大多数科学家相信，鲜味标志着食物中的蛋白质的存在，可以帮助我们选择好的营养来源。肉类当然富含蛋白质，但是鲜味不仅仅是蛋白质的标志，它还意味着更少的有害细菌。烹饪和老化会分解肉类中的大蛋白质分子而释放谷氨酸，使食物更加鲜美。鲜味，就像美拉德反应的反应物一样，可能表明肉已经被煮熟了，而且吃起来更安全。但是关于鲜味还有很多谜团，我们不知道为什么母乳如此鲜美；我们不确定哪些基因可以使人类成为鲜味盲；我们不知道番茄中的鲜味存在的目的，因为它们不完全是蛋白质。"我们所知道的是，"在他那充满了"印第安纳琼斯式"的办公室里比彻姆告诉我，"这是我非常确信的一点，那就是，鲜味是一种有效的增强剂，它能促进某些食物，包括肉类给人的愉悦感。"如果你尝不出鲜味，对你来说，熏肉、汉堡和奶酪就不会像对别人来说那样美味。

我们是不是注定会吃牛肉、鸡肉和猪肉，因为它们是富含美味的鲜味、令人垂涎的脂肪和美拉德反应的芳香产品？不管这些奶酪牛排和汉堡对我们的动脉有多不健康，对地球环境的破坏有多大，我们还是会对肉上瘾吗？毕竟，即使是许多素食者也无法抵抗肉类的诱惑。根据一项调查，60%的素食者承认在过去的24小时内吃过肉类食物。

但是，知道是什么让肉变得如此美味和诱人，究竟是哪些准确的香味、鲜味物质以及脂肪的质感，在未来便可以帮助我们创造出完美的肉类替代品——素食者的圣杯。当然，科学家还有很多工作要做，至少有1 000种物质可以产生肉的芳香，而我们只知道一些。我们不太了解脂肪带来的感知体验，我们不知道鲜味是如何工作的，也不知道为什么有些人无法感知鲜味。我们还有许多研究和实验要做，这些都需要时间。

多年的进化让我们学会了为了获取养分而去寻找熟肉。我们的基因决定了我们对鲜味的反应，而鲜味标志着蛋白质的存在；基因同时也决定了我们对熟肉的香味(美拉德反应)的反应,这种香味表明食物是安全的。当然，这并不意味着我们应该盲目地听从我们的味蕾而像熊猫咀嚼竹子那样食用牛肉汉堡。今天的肉类和过去的肉类不一样，我们的生活方式已经改变了，我们饲养动物的方式发生了变化，我们的身体也发生了变化——但我们的味觉基因落后了。谁知道呢，也许某天味觉基因也会发生改变，让我们的身体更适合现代世界。但是我们不需要等待味觉基因发生类似熊猫的突变，我们可以利用那些让肉更鲜美的知识，来制造一些和肉口感相同，且对我们的健康和环境有益的食物。那些想少吃肉的人可以尝试一些简单的方法：为了获得美拉德反应（产生的美味），你可以选择新鲜出炉的脆脆的烤面包，或者是烤蔬菜；为了弥补肉中脂肪的缺失，你可以去食用牛油果、奶酪和坚果；至于鲜味，你可以试着用豆腐、酱油、一点花生酱和蘑菇来弥补。即使这些食物尝起来不像烤牛排，它们仍然可以让你的味蕾非常愉悦。

　　然而，这样的烹饪方法并不会让每一个人都感到高兴——毕竟，对有的人来说那些仍然不是肉；毕竟，这个行业花费了大力气来确保我们更喜欢肉类的味道，而不是它的替代品的味道——动物以各种各样的方式被孕育、喂养和宰杀，这些方式在我们的味觉与钱包之战中胜出了。肉类生产商们用清酒给奶牛们按摩，给鸡喂绿茶，在没有麻醉的情况下阉割小猪，给肉注射盐水——所有这些都在努力实现一种完美的平衡，一种致力于保持肉的味道和降低它的成本之间的平衡，于是我们就会吃越来越多的肉。

第 5 章

沉迷吃肉是被精心设计的"美味陷阱"

"设计"完美让油花获得融化在嘴中的口感

"过来拿上你们的啤酒，孩子们！"艾弗·汉普瑞斯（Ifor Humphreys）一边说，一边把一桶麦芽酒倒进木槽里，酒液四溅。七头黑不溜秋的公牛抬起头来，嘴里塞满了甘草。"今天不太渴吗？"汉普瑞斯问道，两头牛向水槽转去，黑色的舌头浸在啤酒泡沫里。这是农场里的啤酒时间，过不了多久，就是按摩时间了。汉普瑞斯穿上他的雨靴，拿起一把马梳，站在一群牛的中间。他开始梳理那些巨大的黑背中的一个，就和梳理马毛的动作差不多。擦一道，转一圈，擦一道，再转一圈。汉普瑞斯不是每天都给他的肉牛按摩，但是他按摩的频率也足够让它们的毛发光滑发亮了。即使肉牛们的呼吸声听起来并不享受，但他本人看起来却非常的满足和轻松。啤酒和按摩这种"神户"风格的待遇，一定是十分有效的。

如果你觉得艾弗·汉普瑞斯这个名字听起来并不像日本人，那就对了，因为他的确不是。我所探访的这间"神户"农场并不在日本神户，而是位于地处威尔士丘陵地带的阿伯米尔。然而，汉普瑞斯的牛肉和神户牛肉很像。汉普瑞斯每天都花很多时间来生产制造比普通超市里卖的生切牛肉口感更好的牛肉，从令他感到满意的日益增长的客户基础来看，他正在通往成功的路上飞奔着。

大部分的现代食物都是精心制造的，这并不奇怪。大部分人都不会惊讶，奥利奥饼干和卡夫芝士酱是实验室里发明的产物，它们被精心设计得尽可能愉悦我们的味蕾。肉类制造者同样也为了推销他们的产品而十分努力。如果你是一家肉制品公司，并且想要销量很好，那么必须保证你卖的肉是柔软多汁、味道鲜美的，这可不是一个简单的任务。许多大型的肉制品公司都拥有超现代化的研究机构，大量的肉类科学家们在那里设计动物饲料，研究基因的遗传，并设计出新的包装方法使这些产品尽可能长时间地保持新鲜和美味。他们的目标就是确保美国人和其他国家的人沉迷于吃肉。

汉普瑞斯不是一个科学家，"我只是个农民。"他说。但他知道一些如何让牛肉口感更好的小诀窍，就像很多肉类科学家一样，他相信动物的品种是一个决定性的因素。有些品种的肉牛、家禽或肉猪会比其他的品种更美味，比如伯克夏猪。根据传说，300 多年前，当奥利弗·克伦威尔（Oliver Cromwell）的军队驻扎在伦敦西部的伯克郡时，士兵们发现了一种非常奇特的猪。这种猪体型巨大，由其制成的火腿和培根美味到使它的盛名很快传到了英国君主的耳朵里。于是，一群伯克夏猪被安置在温莎城堡旁边，并为皇室的餐桌提供了肥美而柔软的美味猪肉。多年以后，在繁殖过程中和一些来自中国与暹罗的品种的猪的血统融合后，伯克夏猪的体型变得更加丰满了。当来自鹿儿岛的日本人获得了伯克夏猪的繁育权后，他们称之为鹿儿岛黑猪，并努力改良繁殖，使猪肉变得前所未有的好。如今，伯克夏猪世界闻名，有时甚至被称为神户猪肉。鹿儿岛的官方网站上说，鹿儿岛黑猪猪肉的口感清脆，柔软而鲜嫩，有一种"唇齿留香"的感觉。

肉的嫩度是这个工业链不断努力改善的关键特点之一。肉类科学家认为，追求嫩度是因为牙齿的抵抗。一方面如果肉不够嫩，那么咀嚼到一定程度时，你就会开始吞咽，与此同时，你又会觉得你应该再多咀嚼几次，但很可能，你会强行将大块食物吞咽下去。另一方面，更嫩的肉口感柔软，牙齿间就没有可嚼之物了。不是所有人都同意提高肉的嫩度是一件好事，在一些文化中，比如部分非洲地区，人们更喜欢吃有嚼劲的肉。虽然在西方，人们喜欢又嫩又软和的肉，尤其是女性群体。

肉的嫩度有着相当复杂的科学，但也有一些可以预测的品质，因此可以避免一块柔软的牛排或猪排变得像一块橡胶。为了嫩，一块肌肉必须保持尽量少的胶原蛋白。胶原蛋白是蛋白质的一种，它是结缔组织的主要成分，在肌腱、皮肤、骨骼和血管中都含量丰富。含有大量胶原蛋白的肌肉很强壮，如果你想要柔软鲜嫩的口感，这是给你的建议：避开那些动物经常使用的、肌肉发达的部位。如果是一块经常运动的肌肉，比如在腿上的那种，那么它需要大量以胶原蛋白形成的结缔组织的支持。大多数的嫩肉都来自那些为了支撑骨架而存在的肌肉，而非运动需求的肌肉，比如包围支撑着脊柱的肌肉。

关于鹿儿岛黑猪的猪肉有如此出名的柔嫩度的一个重要原因是油花。当脂肪沉积在一束束肌肉纤维之间，也就是在肌肉里，便会出现油花。如果你拿起一块几乎没有油花的肉，它看起来应该是全红色的。而一块有着很好的油花的肉，其中会有许多白色的脂肪纹路，有的甚至会挤占红色的空间，使红色只有很少的空间。油花不仅仅是肉类的柔嫩度至关重要的因素（因为脂肪咬起来比肌肉软和许多），更是令肉更加肥美多汁的原因。因为当你咀嚼它的时候，这样的脂肪会从肉中释放，并刺激你唾液的流动，从而让你得到"融化在嘴中"的口感。

油花同样是神户牛肉可以和美味画等号的主要原因。传统的神户牛肉生产于日本兵库县的绿山，它的神秘感和被追捧的程度，令它的价格可以飙升到每磅 400 美元[①]。当《石板》（*Slate*）杂志的专栏作家马克·夏茨克（Mark Schatzker）环游世界并想要找到最完美的牛排时，他尝的第一口牛肉就是神户牛肉，他形容它"比热牛奶还要顺滑"。神户牛肉之所以好，主要是因为黑毛和牛这个品类可以产出有着完美油花的牛肉。一些切好的 A5 牛肉（这是油花的最高等级）看起来就像一块点缀着番茄酱的猪油，可见其脂肪含量之高。汉普瑞斯是在日本本土之外极少数拥有黑毛和牛品种的繁育人。"在全英国，我们这样的大概一双手就数得过来。"他告诉我。

---

① 每磅 400 美元，约 500 克 3 028 元人民币。

如果你不在日本，想要得到黑毛和牛的繁育权并开始自己的养殖并不是一件容易的事。7 年前，当汉普瑞斯决定挑战自己，开始尝试培育神户肉牛的时候，他不得不从澳大利亚进口一个和牛胚胎，放入液氮瓶中带回国，然后将其植入一头母牛中代孕。他以这种方式得到了纯血和牛，以及一头名叫阿布拉莫维奇的公牛[①]。7 年飞快过去，现在的汉普瑞斯有超过 20 头牛，其中有一些是奥格斯血统的混血。这就是汉普瑞斯小小的"神户"牛群了。

然而，在日本没有牛一出生就是神户牛肉。用神户牛肉营销与分销促进协会的话说，只有少数符合部分具体标准的牛才有资格被称为"神户牛肉"。无论是纯种的公牛还是童子牛，都必须在兵库县被饲养和杀掉，且它的肉必须有大量的油花和坚实的质地。每年只有 3 万头牛在死后可以得到神户牛肉的认证，它们很少在日本以外的地方出现。如果你以为你在 2012 年之前在美国吃过神户牛肉，那你绝对是被骗了——除非有人通过行李箱为你走私。真正的神户牛肉正式到达美国是在 2012 年 11 月，由福利蒙特牛肉公司进口。2013 年一整年，只有 1 649 千克的神户牛肉出口到美国，但无一出口到加拿大、澳大利亚、英国和任何欧盟国家。2014 年年中，神户牛肉被海运至德国和荷兰，开始了向欧洲的正式出口。在美国，只有极少数的餐厅可以吃到正宗的神户牛肉，比如拉斯维加斯的永利度假村和纽约东 53 街上的 212 牛排馆。其他大部分号称"和牛"的餐馆都不是真的，有一些可能是汉普瑞斯的那种来源，在日本境外使用传统技术饲养，其余的大多是普通牛肉，只是标价虚高罢了。

虽然神户牛肉在美国物以稀为贵，但还是会有大量经过认证的安格斯牛肉来取悦那些对肥美牛排极度渴望的食客们。由于阿伯丁安格斯牛这个品种，比大多数品种更早地堆积脂肪，所以它们的肉通常比其他品种的肉有更好的油花，也更柔嫩。同时，认证过的安格斯牛肉可以说是牛肉的一种品牌了。牛胴体必须满足 10 个特征才能被认证为安格斯牛肉——所有这些标准都是

---

① 阿布拉莫维奇公牛以投资者的名字命名，因为这个名字听起来既现代化又有声望。

为了更好地满足顾客的需求，这样顾客才会不停地想要更多。一块合格的安格斯牛肉必须有丰满的油花、形状良好的肋眼、高级的颜色和不超过5厘米的颈驼峰。最后一项对于颈驼峰的要求是因为，这是婆罗门牛的特征，它是典型的印度"圣牛"，因肉质坚韧而远近闻名（这也可能是印度人不怎么喜欢牛肉的口感的原因之一）。

如果你想要人们不断地购买你制造的肉，仅仅依靠品种还不够，饲养动物的方式同样也很重要——它们食用的草和谷物对肉的口感有很大影响，比如说，为什么殖民时期的美国猪肉不如20世纪早期的猪肉好吃，甚至都比不上如今供应给我们的猪肉？在那些时候，猪可以自由地在森林中奔跑，挖掘橡树子和坚果食用。这样的方式养出了快乐的猪，但它们的肉质却不好——以橡树子为主的饮食令猪肉又软又肥腻，容易酸败。所以，原始的美国猪肉无法与现代吃玉米长大的工业猪肉相媲美，虽然后者毫无快乐可言，但却有更好的肉质产出。

无论是神户牛肉还是安格斯牛肉，都不是真正意义上的草饲牛肉，但是草饲牛肉销量近年来一直呈现上升趋势，因为这是一种天然、健康的食物。但是，如果我们发问，这样的牛肉的味道是否会更好，答案因人而异。大部分的美国人不是很喜欢草饲牛肉的口感，对他们来说草饲牛肉太厚实、味道大，甚至有些人说有腥味。这种味道来自这类肉中大量的omega-3脂肪酸，同样，这些脂肪酸在鲑鱼或马鲛鱼中的含量也很丰富。普遍的论点走向是，你会喜欢吃你从小到大都在吃的东西。如果你童年时期吃的牛肉是玉米饲养的（就像美国的方式），那么你长大后也会爱吃玉米饲养的牛肉；如果你小时候吃的牛肉是大麦饲养的（就像加拿大方式），那么你长大后也会爱吃大麦饲养的牛肉。美国人不太喜欢吃草饲牛肉的原因是，它们通常有黄色脂肪。黄色脂肪没有问题，而这种颜色则是来自食用的绿色植物中富含的胡萝卜素。但是西方人不喜欢他们的肉中的脂肪是黄色的，他们喜欢脂肪是干干净净的白色，和红色的肌肉组织清晰地区分开来。

你可能听说过关于神户牛肉的流言——关键的秘密在于对牛的骄纵，

用日本清酒来为它们按摩，口渴就喝啤酒，莫扎特的钢琴协奏曲令它们心情愉悦。但这都是传说，神户牛肉市场推广协会的官方网站称，"几乎没有用啤酒饲养牛的案例""按摩并不能使牛肉变软，也不会增加油花的数量"。汉普瑞斯知道他对待牛的做法，并不是日本普遍存在的，但他还是照样做了。为什么？"这是个好故事，"他说，然后又笑着补上一句，"而且，牛都很喜欢这么做。"

尽管按摩并没有能够改善牛肉口感的效用，但是时常焦虑、极端紧张和压力大的动物的肉的确没有那么好吃。如果你发现你的猪肉炒大葱没有味道，那你可能是吃到了一种没有在神户郁郁葱葱的山丘或威尔士起伏的田野中生活的猪。它可能在肮脏拥挤的环境中长大，在压力下它会忍不住啃咬笼子。它可能会被粗暴地对待，甚至被殴打，并且长期得不到足够的水，也可能一直吃不饱。由于过度繁殖，它有可能四肢不健全。在去往宰杀房的最后旅途中，它可能在酷暑中被关在一辆卡车里运送了好几天，被那些已经死掉的同伴挤压着，在这样长时间的挤压之下，肌肉纤维会绷得更紧，就像一件毛衣中的纱线在热水中的状态一样。结果就是它们的肉很难吃，又硬又干。这种肉被称为 DFD 肉（色暗、坚硬、干枯），大约占英国和美国猪肉的 10%，在澳大利亚则占 15%。换句话说，许多农场的猪、牛和鸡都要经历这种程度的压力，而不是享受那些为一小部分动物提供的奢侈待遇，这些压力影响着它们的肉的口感，而这绝对不是唯一会影响肉质的产业惯例（更别说影响动物的幸福了）。为了了解更多关于肉类制造商最终是如何影响他们的产品并持续让消费者沉迷于吃肉的原因，我决定前往宾夕法尼亚州州立大学寻找答案。

"设计"完美味道让肉鲜嫩多汁

我戴着蓝色安全帽，穿着一件对我来说有点肥大的白色外套。我站在一个斯巴达式的走廊中央，明亮的顶灯使这条走廊显得有些不真实，这是宾夕法尼亚州州立大学的肉类实验室，外观有些褪色，在校园中占地约1 486 平方米。为了研究动物屠宰和加工，我来到这里学习如何调制肉的味道。肉类科学教授爱德华·米尔斯（Edward Mills）是一个看起来可以和工作服完美搭配的大个子，他曾经是一位优秀的兽医，在农场里长大的他，过去经常宰杀肉猪和肉牛，因此，他在研究家畜死亡的过程中完全没有什么不适。

当我们参观实验室设施的时候，米尔斯给我闻了一个小瓶子，里面装着一种对肉的味道起到重要作用的物质。对米尔斯来说，这种物质没有味道，但是其他拥有不同基因组成的人则可以捕捉到这种气味。不幸的是，我似乎正是这群人中的一个。我把那个小瓶子放在鼻子下面的一瞬间，感觉就像有人照着我的脸打了一拳。那是一股难以描述的恶臭，你可以想象把一群腐烂的老鼠和被汗湿透的臭脚放在一起，比那种味道再臭上 100 倍。这种物质叫作雄烯酮，是公猪睾丸中的一种复合物。雄烯酮会让猪肉在烹饪过程中产生难闻的气味，因此在猪肉行业中，它也是一个麻烦。

解决雄烯酮问题最简单的方法是将公猪阉割。然而，被阉割过的公猪通常肥肉较多，而顾客们不仅希望他们的猪肉不会散发出死老鼠一般的恶臭，也希望它们是精瘦的。普通的公猪虽然臭，但不像被阉割过的公猪那么肥胖，因而对你的动脉有好处。如果公猪也可以选择，它们大概也会选择成为含有雄烯酮的猪肉。阉割手术通常是在动物完全清醒的情况下进行的，手术过程中不使用任何麻醉或止痛药，兽医用手术刀切开并挤出睾丸。这个过程要花费很长时间，动物的痛苦会从它们的叫声中直接传达出来（心理承受能力强的人，可以在网上搜索此类视频）。

不过，你也可能会习惯雄烯酮的臭味，因为它在肉里的含量比我体验过的浓缩物稀释了许多倍。一些国家没有阉割公猪的做法，因而，它们的肉里大多含有这种化合物，而人们仍然会吃。如果你是一个美国人，你吃到的猪肉普遍来自被阉割过的猪；如果在爱尔兰、西班牙或英国等地，你一定会惊喜地发现这些地方的公猪是未被阉割过的，它们生前往往是快乐的。

米尔斯把装有雄烯酮的小瓶子小心翼翼地收起来后，我们走向宰杀车间。谢天谢地，今天并没有动物在这儿被杀死，我可以像牛或者猪一样，沿着裸露的灰色墙壁，从中间的一条斜坡走下去。狭窄、蜿蜒的小路尽头有一间屋子，里面充斥着金属铁锈和血腥味，墙壁上血迹斑斑。电击枪可以让动物立刻昏迷，研究人员将电极连接到动物的前额，通电后电流通过大脑，使动物陷入瘫痪。动物开始失去意识，呼吸停止后大约 15~20 秒，腿会开始抽搐。就在这时，研究人员用一把刀切开动物的喉咙，彻底破坏颈动脉和静脉血管。如果做法正确，大约 20 秒后动物就会脑死亡，然后流血至死。每个周二都会有 12~20 只动物在这里被宰杀，而这个数字与大型加工厂（肉类行业的业内术语）相比不过是冰山一角，它们每小时可以宰杀 400 头牛，1 000 头猪或 46 000 只鸡。在美国，每天都有 2 400 万只农场动物走上与我来到宾夕法尼亚州州立大学时相似的小路，或者被放在传送带上，运到宰杀车间。仅在美国，每年就有大约 90 亿只动物被宰杀，这个数字相当于纽约、洛杉矶、芝加哥、休斯敦、费城、菲尼克斯、圣安东尼奥、圣迭戈和达拉斯的人口总数。

米尔斯的实验可以确定的是，动物死前从最后几个小时到最后几分钟的经历，对肉类的口感起着决定性作用。它们越受苦，肉就会越难吃。"如果动物被巨大的压力所困扰，那么肉的品相可能会更暗或更苍白，味道也会更差。宰杀前的处理方式对肉的柔嫩度也十分重要。"当我们站在钩子、铁链和刀这些所谓"收获工具"面前的时候，米尔斯这样告诉我。肉制品产业特别担心的是一种叫作"PSE"的肉，它颜色苍白、质地松软，没有弹性，并且肌肉表面有渗出液，这种情况最常出现在猪肉中，偶尔也会出现在其他肉中，比如火鸡肉和鸡肉。如果你吃到一块颜色苍白泛粉、味道十分不好的猪肉，你就可以推断出这块肉来自一头死前受苦受难的猪。它生命的最后一刻，可能气喘吁吁地张大了嘴巴，尖叫着，颤抖着，皮肤上覆盖着污点。在美国，约有 16% 的猪肉属于 PSE 肉，英国约有 25%，澳大利亚则有 32%。它们被强制捆绑在传送带上，没法动弹，并被运送到屠宰点。

它们在浅休克时被杀死，无论是什么品种的猪，这样的死亡方式让猪肉的口感变差。一个屠宰场的工人在接受《华盛顿邮报》采访的时候说，一旦动物以被"大卸八块"的方式死去，死前，猪的肾上腺素（应激激素）就会遍布全身体，体温也会升高，超出正常水平。抛开残酷的事实，这种屠宰方式对肉质造成了实际的影响。

更糟糕的是，动物死后，肌肉会酸化，与你在短距离快速奔跑时出现的情况相同——肌肉得不到足够的氧气形成乳酸。一旦你停止跑动，你的肝脏就会将这些乳酸从你的身体中清除，第二天你可能会感到有些酸痛，但问题不大。但是，对于那些已经死亡的农场动物来说，肝脏不再工作，乳酸会使肌肉中的 pH 值远低于平均水平。这种肉质酸化如果与由急性刺激和压力导致的高温相结合，会使蛋白质失去其正常结构——这与病人高烧达到 42 度以上时，身体内部发生的变化相同。蛋白质的变化使得它们不能有效地凝聚水分，导致水不会留在肉里而是直接滴落出来，肉煮熟后水分减少，同时减少的还有水溶性肌红蛋白，这会使肉失去令人垂涎的色彩。用科学术语来说就是这种肉的持水能力（WHC）较低。在超市的货架上，你可能已经见过不少这种问题的实例：包装好的肉会在泡沫聚苯乙烯托盘底部积聚一摊血水。这种淌血水的现象，被业内人士称为净化或是渗出，它是水和蛋白质的一种溶液。同时，也是这只动物死前被残酷对待的一个证明。为了避免肉类出现这种会破坏食欲的外观，肉类生产商便在肉的底部添加吸收垫来吸收这些液体。这个办法或许令肉的卖相好看了不少，但如果你烹饪了一块低持水能力的肉，成品很可能就又干又硬。

如果动物在死前长期承受着压力与紧张，或者短期内受到急性刺激，它的肉一定不可口。有些肉会变得苍白，像被注过水，而另一些则会变得又黑又干硬。因此，人们得出一个合理的结论：不仅是为了道德，也是为了生产高质量的肉，动物在生活中没有受到任何压力，并且宰杀过程也是迅速且无痛的，才是最好的。但是 PSE 肉和 DFD 肉的高产出率仍说明，还有其他因素促使肉类生产商残酷对待动物。尽管有许多减轻农场动物生活压力的办法，但这通常伴随着更高的成本和开销。如果电击与宰杀动物的速度放缓，留出更多的时间给精细化屠宰，那么 PSE 肉的产量就会减少，但这样也会增加成本，而且肉类生产行业就如同家具行业或者睫毛膏行业一样，是一门生意，所以产量必须增加。

肉食制造商一直在努力平衡产量与质量之间的关系。保持消费者对肉的渴望，意味着在价格和口感间玩一场拔河游戏：肉必须是鲜嫩、可口、多汁的，但不能太贵。汉普瑞斯的牛过着肉牛所能过的最轻松、无压力的生活，按摩和啤酒使它们保持平静，DFD 肉出现的可能性微乎其微。但是它们的肉价格昂贵，一片 170 克的菲力牛排售价 263 元人民币，不是每个人都心甘情愿地为这样的无压力的肉付钱。所以，成本与质量的斗争仍在继续。

当我和米尔斯站在凉爽雪白的冷藏室里时，从天花板上倒垂下来的红色的猪骨架给这间屋子增添了些许色彩。这些动物赤裸着，表面似乎结着一层霜。寒意钻进我的骨头里，死后的肌肉、脂肪和血的味道混合在一起，让我有些头晕。我想继续往前走，但米尔斯想和我说个故事，而这个冷藏室就是说故事的绝佳地点。

如果你吃到了一块生硬难嚼的猪肉或者牛肉，米尔斯说，不一定就是因为动物在死前承受了巨大的压力和遭受了折磨（很可能是压力所致，但不是想象中的那么大的压力），也有可能是动物死后人们处理尸体的方式导致的。几年前，有个猪肉制造商找到米尔斯，请他帮忙解决他的猪肉产品存在的柔嫩度不佳的问题。他的客人似乎正在对猪肉失去兴趣。米尔斯说，这家制造商生产出的肉真的不太好，他很快就找出了问题所在：冷缩现象使肉质越来越差。畜体被冷冻得太快和太久，就会出现冷缩现象，而动物死后，肌肉收缩的程度比生前要大得多，这导致肉经过烹饪后会缺少柔嫩度。"你想象一下，有一捆橡皮筋，你咬上一口——那滋味就和冷冻肉的口感差不多。"米尔斯告诉我。这位来自宾夕法尼亚州的猪肉制造商为了加快冷冻速度，用超低温将死猪冷冻起来，这样就在 18 个小时之后得到了一个本应在 24 小时后才能够得到的成品。米尔斯让他把冷藏室的温度升高一些，然后问题就解决了，猪排再度变得柔嫩了。

有时，肉类制造商会试图让肉的冷冻时间比建议时长更短，因为这样可以弥补一些动物因极度紧张和害怕而导致肉存在的缺点。如果他们能在肌肉酸化之前将肾上腺素所引发的热量从动物体内释放出来，那么肉的质量会更好。但这种方法是双刃剑，它会导致冷缩现象的出现，而消费者最终还是会吃到坚硬、难嚼的牛排或猪排。似乎没有别的解决方法了，生前受苦的、可怜的动物死后几乎等于坏肉。

但是，也有例外，一些受苦的动物也产出了味道不错的肉。举例而言，公猪在没有任何止痛措施的情况下接受了阉割，这种肉的口感就比较好。但更加经典的例子是小牛肉，这不是来自某种特定品种的牛，而是在牛尚未成长前就被宰杀得到的肉。为了生产小牛肉，人们需要在小牛出生后不久，就把它们带离母牛的身旁，塞进小笼子里，不让它活动，它们的脖子上挂着铁链锁，食用缺铁的配方牛奶，这会令它们贫血并极度虚弱。这些小牛犊不能活动，没办法伸展开它们的腿，即使被释放出来，也不能走路，更不要说自己走去屠宰场。但是以这种方式生产出来的牛肉，美味又柔嫩，白色的脂肪像奶油一般。为什么这种肉这么好吃？这种苍白是由于动物的贫血，它们的红细胞中没有足够的血红蛋白，这是血液中的红色成分，是一种负责将氧气输送到全身的蛋白质。肉质柔嫩是因为动物不会移动，所以肌肉中的胶原蛋白含量低。2007 年，欧盟禁止了农场使用这种限制小牛行动的笼子。美国牛肉协会直到 2017 年才开始鼓励饲养者们采用集体圈养的方法，但只要顾客依旧需要苍白且柔软的小牛肉，而法律也没有明确限制的话，那么小牛笼子就可以留下。

"设计"各种花样让人们对吃肉保持热情

多年以来，坦普·葛兰汀（Temple Grandin）一直与肉制品行业合作，试图改善对动物的屠宰方式和肉的口感。作为一名先天性自闭症患者，同时也是动物权益保护的倡导者，她在 2010 年被《时代》（*Time*）杂志列为 "世界上最有影响力的 100 人" 之一。同年，HBO① 播出了一部关于她的电影，该电影获得了艾美奖 15 项提名，7 项艾美奖。

葛兰汀很重视动物权益问题。比如，她反对电流刺激、过度拥挤的笼子和棚子，超载的卡车和残忍的屠宰方式。现在，她的一个宠物保护项目正在反对使用 $\beta-$ 肾上腺素能受体激动剂，这是一种荷尔蒙激素类药物。如果给牛喂食默克公司的齐迈可斯（Zilmax，药品名）或礼来公司的欧多福斯（Optaflexx，药品名），便会使它们的肌肉长得更好。如果在屠宰前添加一些含欧多福斯的饲料，牛可以多长 10 千克。但 $\beta-$ 肾上腺素能受体激动剂的问题是，尽管它们增加了肉的重量，但它们可能会破坏肉的质量，被喂食过这些药物的动物的肉通常质干，颜色暗淡，而且与 "柔嫩" 二字八竿子打不着。所以，如果你在美国买了一块肉，烹饪后发现它不像你预期的那样嫩滑汁多，它应该是来自在 $\beta-$ 肾上腺素能受体激动剂帮助下饲养的动物。美国 70% 的牛都被喂食过激素药物来促进生长，这些动物通常都受尽折磨。"热天会更糟糕，" 葛兰汀告诉我，"我见过热天里屠宰场的牛群，它们的肌肉僵硬，不想活动。在极端情况下，它们的蹄子甚至会自动脱落。" 正如一位动物科学教授曾经描述的，这种牛的蹄子 "基本上是分开的"，这种牛的肉必定无法烹饪出令人垂涎三尺的牛排美食。

然而，肉制品行业并不想让你对素肉牛排和无肉肉丸产生兴趣，他们希望你能注意到他们的产品有多么的美味，多么的嫩滑多汁。同时，他们又希望可以尽可能快而且便宜地让牛增长肌肉，然后尽可能快和低成本地产出。但是，因为这些揠苗助长的行为，肉可能会变得又干又硬，难以下咽。幸运的是（至少对于肉类生产商来说），即使肉已经放在塑料托盘上包装好，并且被冷冻好，他们也没有什么损失，因为他们只需要一根针管和一种化

---

① HBO 即 Home Box Office，是美国一家有线电视网络媒体公司。

学溶液就可以让肉变得足够软——这是一种注射进肉里就可以使其再次变软的方法。为了达到让肉变嫩的目的，他们可以在肉中加盐——磷酸盐和乳酸盐的溶液，这样就可以提高肉的嫩度和汁水饱和度；你也可以注射特殊的酶来分解肉中的蛋白质。在北美地区和澳大利亚，往新鲜肉里注射的化学品有许多种。根据牛肉行业的说法，"增加的幅度通常是初始重量的6%~12%"。化学品中大约包含磷酸盐、三聚磷酸钠、焦磷酸四纳、乳酸钠和乳酸钙等物质，它们不仅可以使肉更嫩，还可以使肉更加多汁，并增加"肉"的味道。

如果注射化学品的肉的效果也不好，你可以随时将肉切碎或者捣碎成肉泥，然后在胶水的帮助下制成新的肉排或肉块。胶水有的由海藻酸钠制成，这是一种由褐色海藻制成的凝胶；有的则是由转谷氨酰胺酶制成，这是一种由细菌合成的白色粉末状物质，你可以把它撒在肉块上，使其黏在一起成为牛排。如果你想糊弄你的晚餐客人，使其相信你提供的是昂贵的牛排而非人造肉，你可以在亚马逊网站上搜索"Activa"这个牌子。其所谓造肉技术十分高超，以至于你甚至不知道你吃的到底是不是真正的牛排。这种肉最常出现在连锁餐厅、食堂以及超市中。它们通常呈现出肋排或牛排的形态，并且覆盖着面包屑，作为方便晚餐的一部分出售。英国的一项调查显示，这种肉当中大概只有55%是真正的肉类成分（其余全部是大豆和其他的化合物），所以如果你吃的是这种肉，你就可以说自己已经是半个素食者了，那么100%的大豆汉堡对你来说就没那么震惊了。

消费者想要自己盘子里的肉柔嫩多汁，而且有着饱满的口感，肉类生产商同样如此。对他们而言，我们买不买肉，是攸关其生死存亡的事情。所以他们为了让喂养的动物有更多的油花，便用清酒给它们按摩，把它们囚禁在小笼子里，用电流冲击它们的身体，注入盐水等。他们每天都在寻找新的方法来使肉更加美味，并设法增强我们对肉的渴望。他们研究给火鸡喂绿茶；让羔羊食用大蒜，以改善肉质；使用煤气杀鸡，使肉质变得柔嫩。

但是肉类生产商却左右为难，因为消费者希望他们买到的肉既便宜又好吃，可事实上鱼与熊掌很难兼得。众多的肉类科学家寻找着使我们无肉不欢的方法，而味道和肉质只是他们工作的一部分。他们同样在为寻找肉的质量和价格之间的平衡点而努力。然而，廉价的肉食通常质量很差，因为它们来自死前备受折磨的动物，就好像那些动物的恐惧倾泻于我们餐盘中的牛排和肉块之上，它们之变得干硬又有异味。

在一个更好的世界里，所有的动物都应该获得更好的对待，就像汉普瑞斯对待他的"孩子们"那样。在这个更好的世界里，所有的肉都是鲜嫩多汁的，并且人人都负担得起。这个世界并不是我们如今生活的世界，也不会是不久的将来我们即将生活的世界。虽然肉类的口感很重要，但现在紧紧抓住我们的不是肉的质量，而是它们的价格——无论我们是否愿意承认。对肉类行业来说，保持低价是一个经过时间检验的、可以使人们持续购买肉制品的有效方法。但是，就像我们所看到的那样，肉类行业显然还有其他的办法：精心设计的市场营销计划和广告，进行游说，威胁诉讼，资助研究以及威胁反对者。

第 6 章

让需求之犬摇摆

肉类产业操纵着我们对肉的欲望

"井然有序"这个词似乎很好地描述了位于华盛顿的国家鸡肉协会（NCC），这幢建在十五大道 1152 号的大楼，是一幢后现代的玻璃建筑。在四楼，我与国家鸡肉协会的高级副总裁比尔·罗尼克（Bill Roenigk）——一位活泼开朗的先生见了面。他带我去了他的会议室，我们坐在一张巨大的椭圆形桌前，整个地方给人的感觉像是咨询机构。

国家鸡肉协会，就像它的同行——国家牧场主牛肉协会和国家猪肉生产者委员会一样，是肉类生产行业的协会。这些机构保护着该行业的发展，它们应对公关危机、游说政府以及分配市场份额，它们的核心目标非常简单：让美国人尽可能多地购买鸡肉、牛肉或猪肉。在别的国家也存在同样的机构，如英国肉类加工商协会，加拿大牧场主协会等。这类组织机构与强大的肉制品公司比如泰森食品公司或者 JBS[①] 合作，每年花费数十亿美元来游说和动员我们，使我们不会失去对肉类蛋白质的兴趣。一些研究者认为，全球包括美国在内的肉类消耗量的增长，并非源自需求的增长，而是源自供应的驱动：是肉类产业的行为在推动着我们，而不是我们味蕾的欲望。这些行业也没有刻意隐瞒，就像牧场主的杂志《牛肉》（*Beef*）在 2013 年承认的那样："牛肉产业正在为创造美国人喜爱的多汁的大块肋眼牛排而努力。"

[①] JBS 是美国知名的牛肉和猪肉加工企业。

肉类产业之所以能够操纵我们的饮食偏好是因为这个产业超级强大，与其他行业又盘根错节。看看这些数字吧：2011 年仅在美国，肉类的年度销售额为 1 860 亿美元，这个数字比匈牙利或者乌克兰全年的国内生产总值（GDP）还要多。仅仅 4 个加工生产商，却控制着 2/3 的市场份额，而且，这 4 家公司在牛肉销售市场的销售额占 75%。美国最大的肉类加工生产商泰森食品公司，最近的收入显示是 340 亿美元，这是伯利兹国内生产总值的 20 倍之多。

除了那些饲养、宰杀和出售肉类的公司，还有一些公司也从肉食消费者的需求中获得了利益：化肥及杀虫剂的生产商、农用设备制造商、种子种植者（包括孟山都公司[①]）、大豆和玉米种植户，以及出售抗生素、$\beta-$肾上腺素能受体激动剂和其他药物的制药公司。换句话说，它们其实都是肉类产业的一部分。肉类行业最重要的贸易组织美国肉类协会这样说："肉类与家禽养殖产业影响着美国 509 个行业的公司……肉类和家禽养殖产生的经济连锁反应每年会给美国经济带来约 8 642 亿美元的收入，约占美国国内生产总值的 6%。"

与肉类产业相比，蔬菜与水果产业的影响力就小多了。一方面，"蔬菜和水果产业"听上去很古怪，因为从没有过这样的表述方式，蔬菜和水果产业很少作为一个联合体存在。另一方面，在北美或者英国，可以销售的肉类大概只有 5 种：牛肉（包括小牛肉）、猪肉、鸡肉、火鸡肉和羊肉。现在想想有多少种类的蔬菜、水果在市场上销售，或者只需要想想在美国种植和销售的那些不同种类的豆子：斑豆、海军豆、黑大豆、大白豆、四季豆、红芸豆、利马豆、蚕豆、绿豆、红小豆、菜豆、阿帕卢萨马豆、紫花芸豆……而且这名单还要更长。利马豆的经销商会希望你吃更多的豆子吗？这是当然的。但是他们不仅要与鹰嘴豆的制造商竞争，还要与豌豆、小扁豆等蔬菜商竞争。以此类推，苹果要和桃子竞争，蓝莓要和樱桃竞争。

---

① 孟山都公司（Monsanto）是一家致力于农业可持续发展的企业。

即便水果和蔬菜经销商联合起来了，他们的销售额也比肉类少得多。比如，美国 2011 年所有的蔬菜、水果和坚果加起来，也只创造了 450 亿美元的现金收入。这个数字尚不到肉类制造行业收入的 1/4。谁更能说服你去购买他的食物？很显然不是鹰嘴豆行业。

为了确保你能一直吃上肉，这个行业通过牛肉和猪肉基金会，几乎对所有产品征税。在美国，每个牛肉生产商每出售一头牛就要付 1 美元的税费，而猪肉生产商每生产价值 100 美元的猪肉就要缴纳 0.4 美元的税费。在加拿大，每一头动物的税费是 1 美元，在澳洲则是 5 美元。1987~2013 年，美国的牛肉基金会共收取了 12 亿美元税费，这是一大笔用于"增加国内与国际上对牛肉的需求"的开销。从另外一个角度来看，1999 年，美国国家癌症研究所和美国健康基金会为了推动多吃蔬菜而合作举办的"每日 5 种蔬菜更健康"活动的公共宣传预算不足 300 万美元。

如果美国人问："晚上吃什么？"大部分人会条件反射般地回答："牛肉。"这并不奇怪。早在 1992 年，这个行业就曾使用来自牛肉基金会中的4 200 万美元打出了宣传标语："晚上吃什么？牛肉。"至于这句标语是否有效，请参考行业网站上的这句话："在许多消费者的意识中，听到了一个'晚上吃什么'这样的问题时，"牛肉"作为一个主导性的答案已经被根植在了他们的脑海中。事实上，不仅仅是根植，在过去的 20 年里，他们一直在灌溉、养育并越来越喜欢这个答案。"2015 年，牛肉产业计划使用牛肉基金会会费中的 390 万美元来进行宣传和研究"消费者公共关系""营养影响者关系"，以反驳"来自牛肉反对者组织的错误信息"。一个牛肉检验网站（www.beefretail.org）上面写满了如何让人们去买和去吃更多的牛肉的点子。比如说，在大学校园中组织烹饪比赛，在商店中提供简单的牛肉食谱，雇用有名气和影响力的厨师。然后，肉制品行业最希望汉堡和炸鸡腿可以吸引年轻的消费者群体。比如，他们会在营销计划中设计针对 12 年级以下的学生的"牛肉教育"课程。他们尤其渴望吸引 80 后及在 21 世纪初出生的千禧一代。为了鼓励他们食用更多的汉堡和牛排，牛肉推销商会在网上分享牛肉食谱，并且善用 Twitter，Instagram 和 Pinterest 来发布"美味牛肉餐"的图片。根据这个行业的营销手册来看，他们发布 app 和在线资源，都是为了"吸引和留住千禧一代的兴趣"的必要手段。

这些活动都有回报。2006~2013 年，向牛肉基金会的储蓄罐里每放进 1 美元硬币，大约会变成 11 美元，再回到行业中。行业计算得出，如果没有牛肉代扣费这一环节，我们会比现在少吃 11.3% 的牛肉。同时，猪肉产业的广告标语"另一种白肉"是美国广告历史上第五大脍炙人口的广告口号（好事达保险公司的"包揽一切，稳操胜券"是第 1 名），在 1987 年，这则广告开播的 5 年后，猪肉的销量飙升了 20%。通用食品的创始人 C. W. 波斯特（C. W. Post）有一次就麦片发表的观点，如果放在肉类市场也一样适用："你不能仅仅生产麦片。你必须得通过广告把它们塞进顾客的喉咙里，然后他们不得不吞下去。"

肉类基金会的项目推广之所以成功，不仅仅是因为它们影响力巨大，同样也因为肉类行业的促销信息来头不小，它们是根据美国最高法院的"政府演讲"而来。这些机构不是你通常在市场上会碰见的对手，他们拥有政府的庇护。美国农业部对于肉类基金会筹备的促销手段心知肚明。正如大卫·罗宾逊·西蒙（David Robinson Simon）在他的书《肉类经济学》（Meatonomics）中所写的："它可能会说这是国家猪肉委员会，但其话外音却是美国政府的震慑性的腔调……缺乏政府的参与，可能会导致行业衰退，或者让基金会走到尽头。"

尽管美国的家禽业没有类似的基金会项目，但它仍在努力增加人们对鸡肉和火鸡肉的需求。正如比尔·罗尼克对我解释的那样，他只需要在国家鸡肉协会精致的会议室里坐着，悠闲地靠在椅子上，人们对肉类的需求就好比有一只忠诚的大狗，坐在那里，一动不动。这只大狗有条大尾巴，好的宣传和广告策略就如同抓住这条尾巴拼命地让这只大狗摇摆。"那么，鸡肉生产商是怎么'摇摆'这只大狗的？"我问。罗尼克大笑。"社交媒体上的角逐在这时是最重要的，"他告诉我，"比如说，我们让 9 月变成'吃鸡肉月'。"

肉类生产商的一些常规推广，无论是牛肉、猪肉还是鸡肉，都只是让我们对肉上瘾的宣传的一部分。肉食销售者，比如餐馆，在其中扮演了至关重要的角色。比如麦当劳，虽然它本身并非肉制品公司，但它却是美国乃至一些其他国家（比如冰岛）的最大的牛肉买家。在全球范围内，麦当劳平均每秒钟可以卖出 75 个汉堡，麦当劳在我们对肉食绵绵不绝的爱中扮演了重要的角色。2011 年，它在广告上的开销高达 13.7 亿美元。在美国，一年只有 36 家公司在广告上的开销超过了 10 亿美元（比如通用、谷歌和苹果）。蔬菜和水果生产商没有进入这个名单，除非你将联合利华的汤与番茄酱一起算上。猜猜看哪个广告在孩子们周六早上看的电视中出现的频率最高？第 1 名麦当劳，第 2 名汉堡王。美国的孩子对麦当劳商标的熟悉程度，也只有圣诞老人的形象可以盖过它的风头。

销售肉食的广告拥有一些简单的经验法则，"不出现动物"是其中最主要的一个。欧洲的一个研究显示，无论多可爱，避免放上任何牛、猪或者鸡的照片或画作，效果都会更好。"这样一来，消费者就不会去对吃那些生龙活虎的动物进行反思了，内容展示应该集中在食物准备和消费享受这些方面上。"广告商这样写道。这就是为什么你不会在肉食类广告中看到动物的原因。换句话说，他们不希望你联想到太多与动物有关的事情，否则会令你失去食欲。但是无论多么成功的广告，都不是唯一一个可以确保你对肉食的渴求永不消退的原因。游说同样重要。

政府补贴也可能成为吃肉的理由

就在离国家鸡肉协会办公室一个街区距离的 K 街上，整齐地坐落着一排建筑，其中包括牛排馆和银行。K 街上没有华丽的东西，也没有可爱的、嬉皮的或者亲子风格的东西。这条街道上的人们穿着西服套装，手拿咖啡，全都行色匆匆——咨询顾问、律师，但他们大都是同一个身份：说客。由于 K 街有太多的游说类职业人员在此工作，这里也被称为"说客大道"。罗尼克告诉我，游说是现在国家鸡肉协会"重点关注"的事项之一，它是完全合法的行为，而且还包括安排竞选捐款、鼓励诉讼和组织公共关系活动之类——这些都是为了影响政府的政策。根据响应性政治中心的预估，在 2013 年的选举周期中，动物肉类产业向联邦候选人捐赠了 1 750 万美元，这样的打点作用很明显。一项研究证实，捐款的确改变了投票行为，你基本上可以在不违反任何法律的情况下，合法购买议员们的选票。

还有，肉制品产业绝对不想失去的是（而且他们会激烈地游说）政府的补贴。根据农业部副部长查克·康纳（Chuck Conner）的说法，水果和蔬菜的生产商"长久以来，都没有在农业法案和政策中拥有一席之地"。同时，1995~2012 年，美国的纳税人帮助政府支付了 41 亿美元的肉制品补贴。这是一个天文数字，但事实上那些肉制品生产商实际收到的远不止这些。《肉类经济学》的作者曾算过，早年美国曾每年花费 380 亿美元来贴补肉食、鱼、鸡蛋和奶制品行业。为什么这个数字比官方对肉、禽行业的补贴高那么多？其中一个原因是谷物饲料补贴。1995~2012 年，玉米生产商的收入超过了 840 亿美元，大豆生产商的收入则为 270 亿美元。这使得玉米和大豆的购买成本远远低于种植成本。由于 60% 的玉米和近一半的大豆都在美国本土生长，并被用来喂养牲畜，补贴这些农作物很大程度上相当于在补贴肉类产业，并且在鼓励肉类消费。

如果不是因为这些补贴，我们将要为牛排和炸鸡腿支付更多钱，这就可能扫了我们对肉食的兴致。"国家鸡肉协会几年前做了一个研究，"罗尼克告诉我，"如果你以鸡肉的价格和消费者的收入为标杆，有 90% 的可能可以解释我们吃多少鸡肉的原因。"想象一下，如果牛肉的价格上涨了 10%，你会不会少买一些，或者转而去买鸡肉？研究显示，牛肉的平均价格每提高 10%，意味着对牛肉的需求量会降低 7.5%，而猪肉的需求量会增长 3%，鸡肉的需求量会增长 2.4%——所以，再见了炖牛肉；你好，鸡肉卷。当然也有一些消费者在肉铺里看见增长的肉类价格时，干脆就放弃了吃肉。

在国家鸡肉协会的一个调查中，有 35% 的消费者会在鸡肉涨价的时候选择吃更多的蔬菜。

但是，政府并不是为肉制品行业提供补贴的唯一实体。肉类的生产制造存在着隐性成本，这些成本不是由生产商来支付的，而是由纳税人来支付的，纳税人支付的这一部分叫作"不作为补贴"，这一部分的金额是相当可观的。乔治华盛顿大学医药系教授尼尔·伯纳德（Neal Barnard）做过一个统计，在 1992 年的美国，因吃肉直接导致的健康护理费用超过 610 亿美元，其中包括高血压、心脏病、癌症和糖尿病等。在《肉类经济学》中，西蒙预估，肉类产业的外在成本以每年至少 4140 亿美元的幅度增长——不仅仅是健康问题，还有污染带来的环境保护成本。西蒙认为，牛肉和鸡肉每卖出 1 美元，该行业就会在我们身上强制征收 1.7 美元的外部成本（在经济学中，外部成本意味着个人或企业并未选择产生这项费用，它也并未反映在物品的成本上）。所以，下一次你买一块价值 10 美元的牛排时就想着这件事：你实际上为之付出了 27 美元，就在分期付款里：一部分在柜台结账，一部分在你应缴的税款里，还有一部分属于你的健康保险。

所有这些肉类补贴存在的实际意义在于，对许多挣扎在贫困线上的美国人来说，在麦当劳买几个汉堡通常比购买扁豆和新鲜沙拉来喂饱他们的家庭成员要来得便宜。他们吃肉也许仅仅是因为买肉的开销较低并且容易购买，就肉类行业的未来而言，这当然很好。他们希望能够保持流动补贴和外部效应，不希望政府推崇素食。

2013 年 6 月 3 日，一个看似不起眼的广告标语出现在朗沃斯（longworth）餐厅白色区域中的食品站里。正值工作日的正午时分，人们排起了长队，国会议员和游说者们在排队买午饭。在这个特别的周一，很多人注意到在食物选项上出现了一个崭新的广告标语："周一无肉日。"这就足够引发肉类行业的强烈抗议了。6 月 7 日，农场动物福利联盟向众议院管理委员会发表了一份声明，抗议这一标语的出现。他们在信中写道："'周一无肉日'是动物权利保护者和环境保护组织公开诋毁美国畜牧业和家禽生产商的工具。"在接下来的周一，也就是 6 月 10 日，"周一无肉日"的标语从朗沃斯餐厅中消失了，并且再也没有出现过。

膳食指南和法律影响着餐盘里的肉的多少

当然，肉制品行业对政府所施加的压力，远远大于让"周一无肉日"的标语消失。纽约大学营养学教授马里恩·奈斯德（Marion Nestle）强调，近年来肉制品行业是几场重要战役的赢家，其中一场战役是通过膳食指南打响的。美国农业部、美国卫生与公共服务部每 5 年会联合发布一次膳食指南，对消耗更少的卡路里、作出更明智的膳食选择等内容提出权威的建议，以促进公众整体健康等。不过，奈斯德对于膳食指南有不同的见地，她的书《食物政治》（*Food Politics*）中写道："膳食指南不过是在有科学作为依据的营养学和食物行业的利好之间的政治妥协。"肉制品行业不喜欢"少吃"这类的词语和短句，比如"少吃肉"。多少年来，膳食指南使用的标准词从"少吃点"变成了"选择"，比如"选择精瘦的肉"。"选择"对于肉制品行业来说不算什么大问题，毕竟这其实是鼓励人们去购买更多的鸡肉或者是脂肪含量较低的牛肉。另一种标准方法是仅仅点明其中的成分，而忽略含有这些成分的食物。因此，人们对胆固醇和脂肪说不，对肥肉却保持沉默。20 世纪 80 年代，奈斯德在对《外科医生与营养报告》进行编辑工作的第一天，就得知了明确的相关规定。她回忆道："无论什么研究如何表明，报告中都不建议以'少吃肉'作为减少脂肪摄入的方法……1988年度的《外科医生与营养报告》建议了'选择精瘦的肉'。"

肉制品行业是如何给膳食指南委员会和美国农业部施加如此大的压力的？第一个问题就来自美国农业部的自身职能——这要从 1862 年该部门的诞生说起。很久之前，美国农业部身兼两个角色：一个是帮助肉制品行业取得可靠的食品供应和更大的销售额，另一个是为美国人的饮食习惯提供建议。然后问题就来了，与 19 世纪和营养不良抗争的时代相反，现在这两个角色显得有些矛盾。美国农业部的核心构成中出现了利益冲突。

第二个问题也涉及利益冲突，但这一次是在起草膳食建议的委员会成员之中。多年来，一些委员会成员得到了国家牲畜和肉制品部门的支持：他们在美国肉类协会的拨款审查委员会中任职，或者其研究得到了全国奶制品委员会的支持——虽然是少数人。此时也出现了"旋转门现象"：行业人士转行成为政府人员，反之亦然。例子呢？当然有。农业部部长安·维尼曼（Ann Veneman）的幕僚长戴尔·摩尔（Dale Moore），就曾经是国家牧场主牛肉协会（NCBA）法律部门的执行主任。副秘书詹姆斯·摩斯利（James Moseley）作为合伙人在印第安纳州拥有一座大型工业化农场。通讯部部长艾丽莎·哈里森（Alisa Harrison）曾是国家牧场主牛肉协会公关部执行总监，而国家牧场主牛肉协会的前总裁乔安·史密斯（Joann Smith）则被任命为美国农业部食品市场和检验部门的负责人。这个名单仍在继续。

还有一个领域出现了与肉类相关的利益冲突：科学研究。如果你向后翻到已发表在同行评议期刊上的研究论文的作者披露部分，你会发现，这些研究背后的科学家都获得了来自肉制品行业的资助。比如说，2012年的一个认为"牛肉是优质蛋白质来源"的分析报告的作者，被牛肉基金会雇用，为其提供咨询服务。这个作者在2014年的一篇研究报告中写道，精瘦的牛肉对心血管健康有好处，这次的研究同样从牛肉基金会项目中获得了大量赞助。有时，这其中的联系显得十分微妙：一项经常被作为论据来证明素食饮食不健康的瑞典研究，得到了来自瑞典营养基金会堂而皇之的资助。但是如果你登录基金会的网站，你会发现，在其成员公司中有几家肉制品和乳制品企业，其中就包括麦当劳。除了直接赞助科学家们，肉制品行业也会赞助一些组织来推广其所谓好的营养方案。泰森食品公司、加利福尼亚州牛肉协会、得克萨斯州牛肉协会等会为美国心脏协会提供资金。美国饮食基金会会从全国牧场主牛肉协会处获得资金，营养学院也得到过该组织的资金支持。

当然，一个科学家从肉制品行业获得资助并不等于他们会刻意歪曲事实来鼓动肉食消费，但也不会完全排除这种可能。2013 年，包括著名的 BMJ[①] 在内的几家科学期刊的编辑宣布，他们将不再接受由烟草行业资助的任何研究论文。编辑们这样写道，尽管有人会说资助不等同于背书，但这样的观点却忽视了"越来越多的证据显示，研究的不正当性往往难以发觉"。比如说，对制药行业进行的调查发现，被赞助的研究比没有得到赞助的研究的结果，更有利于赞助商，这对于确保肉的需求量而言至关重要。根据猪肉行业本身的数据，当"需求增长"的研究增加了 10% 以后，人均猪肉的需求量增加了 0.06%。这个数字有起来很微小，但是猪肉一年的销售额高达 970 亿美元，0.06% 就意味着一年多出 5 800 万美元的可观收入。换句话来说，这值得一搏。

另一方面，一些研究素食营养并提出人们应该"少吃肉"的建议的科学家，一直承受着来自畜牧行业的压力。有一个我在采访中一遍又一遍地听到的故事，这个故事涉及美国著名国家营养学家 T. 柯林·坎贝尔（T. Colin Campbell）博士——他同时也是康奈尔大学的营养生物学教授。坎贝尔从研究肉类消费的好处开始他的职业生涯（他自己打猎、钓鱼，也是个肉食爱好者），但他很快发现这些数据并不能成为"肉食对我们有益"的观点的证据。经过了几十年的研究，他最后成为最著名的素食主义倡导者之一。当然，他也同样受到了畜牧业的种种阻挠。透过电话他用柔和的声音和过来人的语气告诉我（他已经八十多岁了），他在康奈尔大学的深受学生欢迎的素食营养课程不仅被"深刻受惠于乳制品行业"的高级管理人员取消了，而且鸡蛋行业的人"致电我们学院的院长，要解雇我"。他并没有被解雇，这也没有改变他的研究方向——这几件事反倒更加坚定他走下去的决心。但是，如果坎贝尔是一名记者，而他的文章中指出肉类对人类的健康是不安全的，那么他的结局可能比这些小麻烦要糟糕得多。看看

---

① BMJ，即 *British Medical Journal*，《英国医学杂志》。

奥普拉·温弗瑞（Oprah Winfrey）的经历吧。

在1996年4月16日温弗瑞的直播节目中，她的嘉宾中有来自美国农业部的威廉姆·休斯顿（William Hueston），国家牧场主牛肉协会的加里·韦伯（Gary Weber），以及前任牧场主、肉食支持者转素食主义者，知名的"疯狂牛仔"（他在书中的自称）霍华德·莱曼（Howard Lyman）。他们谈论了克雅病的新变体，这种变体是致命的，并且会导致人类大脑的海绵体病变，然后讨论了这个病可能与感染了牛海绵状脑病的牛的肉有关。节目中，在听到肉制品行业的惯用手段（莱曼所提及的）时，温弗瑞宣称："这直接阻止了我再吃一个汉堡。"结果是，温弗瑞和莱曼被一群畜牧业主以得克萨斯州《食物诽谤法》起诉，原因是他们的言辞令顾客不敢吃牛肉。

《汉堡 vs. 奥普拉》（《纽约时报》为之起的标题）是诽谤法案中涉及美国农业部的最著名的案件。在以下13个州里：亚拉巴马州、亚利桑那州、科罗拉多州、佛罗里达州、乔治亚州、爱达荷州、路易斯安那州、密西西比州、北达科他州、俄亥俄州、俄克拉荷马州、南达科他州和得克萨斯州，如果你指出一种食物对人类不健康，那么你可能会被起诉。如果你的意见被证明是错误的，那么你就会输掉官司。如果你就一种商品的危害发表言论，那么任何易腐烂类食物的生产商都可以将你告上法庭，相比其他行业，诸如黄瓜或菠萝产业，似乎畜牧业更喜欢使用《食品诽谤法》。

虽然温弗瑞和莱曼最终赢得了这场官司，但温弗瑞的律师费用可能超过100万美元。这种巨额花费可以成功地让记者们和作家们保持沉默。就像《用吃来治疗癌症》（*Eat to Beat Cancer*）的作者罗伯特·哈瑟里尔（Robert Hatherill）在1999年《洛杉矶时报》中的专栏文章中提到的那样："我的出版商从我的新书中删去了很长的段落。简单地说，我不能揭露像乳制品和肉制品这类常见食品的潜在危害，这个问题与是否有足够的证据来支持完全无关，却与对法律诉讼的恐惧有关，我被告知'我们可以打赢官司，但是它会让我们损失数百万美元，这不值得'。"

当我和莱曼通话时，我们提起《汉堡 vs. 奥普拉》的标题（或许，他更喜欢"汉堡 vs 莱曼"），他的声音变得更加有力，语速也加快了。"从某种程度上来说，肉制品行业其实赢了这场官司。"他告诉我，"自那时起，媒体也害怕说任何与肉有关的负面消息，他们也害怕惹上官司。""我也应该害怕吗？"我半开玩笑地问。"那就给你自己买个特别好的保险吧。"他说。

《食品诽谤法》并不是唯一可能阻止肉制品行业潜在反对者的法律。另一部法律叫作《加格法案》（Ag-Gag laws），由《纽约时报》专栏作家马克·比特曼（Mark Bittman）命名。比方说，你是一名动物权益保护者，或者一位暗访记者，你想要了解关于工业化农场的真相。假设你在一个农场申请工作，一旦你被录用，那么你会带着隐形摄像机去上班。在你短暂的工作期间，你可能会记录下一些令你心痛的、惨无人道的事情。在过去，这样的调查也都被制作成了视频。这些视频揭露了那些农场工人们用鹤嘴锄猛击牛的头，受伤的小猪的腿被绑在它们的身体上，活鸡被扔在除毛的罐子里活活煮死。然而曝光此等暴行往往是非法的。比如在艾奥瓦州，HF589 法案让记者失去了在农场里找工作并记录里面发生的事情的可能性。这项法律规定，在农场或屠宰场做出虚假的工作申请是犯罪行为。所以一开始他们就会问一些简单的问题：你为媒体工作还是为动物权利保护组织工作？你跟他们有什么关系吗？如果你的答案是"是"，那么你不会被他们录用。如果你说谎，你就会站上法庭——甚至最后进监狱。《家禽福利法》会影响我们吃肉的胃口吗？你可以试着看一段 YouTube 上的暗访视频（输入"卧底工业化农场"[①]），再看看你是否还愿意吃鸡肉或者猪肉。

政府的政策影响着我们会把多少肉放在我们的盘子里，他们通过补贴、膳食指南和法律来达到目的。与此同时，肉制品行业也进行推广、营销，他们会采取游说、资助研究、起诉等手段。但你很难谴责这个只想试图卖出更多产品的行业，毕竟，这是他们的工作。正如肉制品行业巨头菲尔·阿

---

① 输入 "undercover industrial farming"。

穆尔（Phil Armour）在 19 世纪所说的那样："我们是来赚钱的。我希望我能赚到更多钱。"他们并不关注你吃的东西是不是真的对你的心脑血管有害，或者对地球有害、对动物有害，或者他们只是为了自己填饱肚子。反倒是我们这些消费者常常忘记，肉类的销售其实是一门生意，就像卖香水或者卖鞋子那样。肉制品行业做的事，不过是向我们竭尽全力地摇动着需求之犬的尾巴。

然而，如果肉的消费在我们的文化中没有那么根深蒂固，或者动物蛋白质的生意不会上演"肉类象征强大"的戏码，那么需求之犬的鼓动就不会那么顺利。正如我们将要了解到的那样，肉食令我们着迷，是因为我们世世代代一直将它与权力、财富和性联系在一起。

肉食的强大象征主义

我们在母亲的子宫中习得了对食物的偏好

第一次闻到榴莲的时候，我以为是谁的脏袜子的气味，或者是一只死老鼠的气味。然而在新加坡（我曾经生活过的一个湿热的岛国），榴莲被很多人所喜爱。事实上，那里的人们将它称为"水果之王"。你可以看到又大又重的有着尖刺和硬壳的榴莲，高高地堆积在芽笼街边的小摊上、当铺、成人用品店、小餐馆里。在一些小餐馆里，鸽子在餐桌上游走，长着橘色鸟喙的鸟在腐烂的垃圾堆里翻找食物。我一直没有鼓起勇气去尝尝榴莲是什么味道，并不是因为有一天我在报纸上读到，榴莲的味道会让人联想到香草或者不新鲜的婴儿呕吐物。然而，榴莲的受欢迎程度在全新加坡仍然独占鳌头。时尚的烘焙店贩卖榴莲蛋糕，高级酒店向顾客提供榴莲冰激凌，甚至麦当劳也引进了榴莲味的麦旋风。是什么因素可以让一些人去享受某种对别人来说闻起来像脏袜子、尝起来像婴儿呕吐物的东西呢？答案很简单：文化。

我们吃什么样的食物以及如何食用它们有一部分由我们的基因决定。也许在我们的DNA里存在着一些对蛋白质的偏好，又或者是丰富的味蕾使得我们在食用到苦涩的食物时感到畏惧，但这仅仅只是事情的一部分真相——相当小的一部分。如果你曾去过一些国家的食品商店，可能会发现一些你不愿意盛进餐盘的食物：驴鞭（中国）、恶臭的发酵鲱鱼（瑞典）、金枪鱼眼球（日本）。那里的人们食用这些东西是因为他们有特殊的味蕾吗？还是因为一个强大的金枪鱼眼球产业通过电视广告培养了他们的饮食习惯？并不完全是这样。

如果有两个人，你想知道他们爱吃的东西，在味蕾上进行测试不是最好的办法；更简便的方法是去看一看他们的护照。在一项大型研究中，一些来自欧洲不同国家的儿童被提供了不同甜度的苹果汁和脂肪含量不同以及咸度不同的薄脆饼干，没有什么比他们的出生地更能预测他们的口味偏好了——与他们父母的教育水平无关，与他们看了多少电视无关。这个研究表明，食物和文化有关。当我们进食的时候，我们吞下的不仅仅是营养成分，也是意义和象征。是我们的社会在教导我们可以吃什么，以及更应偏好什么样的食物。在新加坡，榴莲就是被高度偏爱的食物。

"什么样的食物是好吃的？"这个课题从妈妈的子宫里就开始了。孕妇摄取的食物的味道渗入羊水，而羊水恰巧是胎儿所能吞咽和感知到的。例如，研究表明，如果一个孕妇在孕期食用大量的胡萝卜，那么她的孩子一出生，与那些母亲在怀孕期间没有大量食用胡萝卜的孩子相比，就会更喜欢吃胡萝卜味的谷物。此外，这种食物影响在哺乳期仍在继续，其过程是类似的：母亲食用的食物的味道进入乳汁，然后她们的孩子也喜欢上这种味道。例如，如果你不是特别喜欢茴香，很有可能是因为你的母亲在孕期和哺乳期没有吃过茴香类食物。

再然后是断奶期。人类婴儿，和其他的杂食类动物幼崽（例如仔鼠）一样，在很小的时候就习得了他们成年之后最爱的味道。正如科学家们说的那样，他们的食物偏好是具有"社会传播性"的。仔鼠不是在高脚椅子上被一勺一勺地喂大的，它们通过嗅探年长同伴嘴里或者粪便里残留的食物味道来确定什么是"好吃"的，因此，鼠类形成了种族"食谱"，由于生活在相同环境中的不同族群的一代代传承，它们最终会选择某些食物而不是另一些。如果一只老鼠从它的家（例如纽约中央地铁站）到另一个老鼠窝（也许是时代广场站），它也许会对那里的老鼠的食谱感到十分惊讶。但是，对食物的喜好随文化而变化的动物，不仅仅是老鼠和人类，还包括狒狒、麻雀、蜥蜴，甚至是鱼类。动物从它们的父母那里习得的食物偏好有可能会非常奇怪。在实验中，看到自己的母亲津津有味地咀嚼香蕉的小猫就会习得对这种非猫食的偏好。如果一个幼儿看到他附近的人吃汉堡包、炸薯条以及番茄酱，他也可能长大之后就会喜欢这些特别的食物（他可能是美国人）。如果她在一群可乐豆木毛虫、面茶和河马肉的爱好者中长大，她长大成人后也会喜欢这些（她可能是赞比亚人）。

当我们谈论喜爱的食物时，不论是煎培根还是榴莲，我们周围的人的表情都可能成为影响食物偏好的重要因素。研究表明，如果有人在儿童进食的时候做出觉得恶心的表情，这个儿童就会失去进食的胃口。与此同时，一个愉快的微笑可以打开幼童对先前认为不可食用的东西紧闭的嘴巴。当然，父母会经常对他们喂给孩子的食物作出潜意识的反应：如果你讨厌甘蓝，在喂孩子甘蓝的时候你很难忍住不去做厌恶的表情；如果你喜欢培根，当你把小叉子送到你孩子的嘴边时，你可能会高兴地舔嘴。孩子和成年人一样是社会生物，他们在社会环境中认识到什么是好吃的。我们只是观察其他人喜欢和不喜欢的东西，然后随大流。在墨西哥，孩子们从小就发现辣椒带来的灼痛感被认为是好的事情，因此他们开始去享受它。我们也喜欢上了在特别令人愉快的场合所食用的食物。布莱恩·万辛克（Brian Wansink），一位来自康奈尔大学的饮食行为专家，曾经描述过一个亚裔交换生是如何在来到美国之后将曲奇饼视为疗愈食物的。过程大概是这样：一个中国人，假设她是个女孩儿，和大多数中国人一样，不习惯吃曲奇饼。她去美国上大学后，在聚会上看到别人吃着曲奇饼且玩得很开心，然后她去了更多的聚会，看到更多人吃着曲奇饼且玩得很开心。随着时间流逝，聚会、快乐、曲奇饼，聚会、快乐、曲奇饼（在这个女孩的生活里不停地出现）。很快，这个女孩就会潜意识地将快乐、社交和曲奇饼联系在一起。然后有一天，当她觉得孤单和伤心时，她就会给自己买一包奥利奥，尝试着去重新创造那种她在聚会上感受到的快乐。这种做法很管用，于是她就对曲奇饼上了瘾。

在宴会上的社交性分享行为是肉类吸引我们的一个重要原因。这种冲动可以追溯到我们人类的祖先瓜分他们杀死的猎物的时候。肉是一种可以在庆典上分享的完美食物：它被装在一个巨大的包裹里，远远超过个人或者一个家庭可以消费的量；而且如果肉不能被迅速地吃掉，它就会腐坏。肉类很难获得（直到现在也是这样），因为过去在草原上狩猎是一件困难的事，而现在能有足够的钱去买肉也非易事。因此，肉是宴会上的食物，在太多的文化里都是这样，以至于很多地方的人们把节日叫作"吃肉的时间"。甚至"狂欢节"（carnival）这个词也是来自意大利语的"carnevale"，意为"再见，肉"（意同"再见，在斋戒之后见"）。分享食物，特别是肉类，使人有归属感，不管是和邻居一起烤牛肉（北美），和朋友一起在篝火上烤猪肉香肠（波兰），或者在夏天最炎热的时候和家人一起喝一碗狗肉补身汤（韩国）。这是因为我们不仅仅分享食物，也分享关于快乐的记忆。就像那个吃曲奇饼的例子，肉类变得更有价值是因为它和快乐有关，和在一起的感觉有关。难怪当一个素食者对着一块牛排说"不用了，谢谢"时，来自各方的指责就会接踵而至。宴会的主人就会认为："你是什么意思？不用了，谢谢？不用和我们分享食物了？你不想成为我们这个群体的一部分吗？"

我们学会了去食用和喜爱肉，因为那是我们周围的人以及一代又一代的人一直所做的，因为那是我们怀孕和哺乳的母亲用以充饥的，也因为那是她们在我们蹒跚学步时一勺勺喂给我们的；但是吃肉不仅仅是一个文化习惯，它的诱惑力也来源于它所携带的强大的象征意义，它象征着力量、男子汉气概、财富以及支配。我们吃肉也有一部分原因在于我们潜意识的假设：我们吃什么，就成了什么。

吃肉是为了获取动物的力量

我站在水泄不通的贝宁维达市的蟒庙里，"地板"上是褐色的泥土。保罗·阿卡波（Paul Akakpo）——我去西非了解伏都教时的导游，将蜷曲的大蟒蛇像戴珠宝项链一样缠绕在自己的脖子上。阿卡波对伏都教的一切都非常了解——他不仅仅是一个伏都教相关产业从业人员，也是贝宁伏都教的一个大祭司（一位伏都"教皇"，阿卡波告诉我）的侄子。当我们交谈的时候，阿卡波指着地面——寺庙的"地板"，我朝着他所指之处望去，身子为之一颤——我脚下有血。

一缕红色的"风"飘荡在寺庙的混凝土台阶上，并被一棵巨大的神树阻拦了去路，一个穿着彩色丝绸服装的当地妇女提着一只刚被杀死的鸡，将温暖的血液涂抹在树干上。她正在滋养灵魂。这个女人胸部以上部分是赤裸的，对所有知晓伏都教传统的人来说，赤裸的肩膀代表她是一位伏都教祭司。当她处理好这只鸡以后，就将鸡的尸体扔到地上，然后用一块布擦拭双手。我看着她的时候，她并没有饮用血液，也许她待会儿会喝？"饮用血液和食用肉类是与伏都教灵魂的直接交流，"阿卡波解释道，"它通过伏都教的灵魂使信徒更有力量，以及帮助他们征服他们的敌人。"伏都教行家会去食用被献祭的牲畜的血液和肉，因为他们相信这样的行为能让他们拥有那些动物的力量。

还有一个原因，人们认为掌控其他生物的行为能够增强自身的力量。动物是危险且很难捕杀的，即使是像兔子一样小的动物也会划破你的手，从而带来伤口感染溃烂的风险。但是另一方面，你见过被卷心菜袭击过的人吗？这就是为什么在我们人类的集体思维里（不仅仅是西非人），动物的肉类和血液意味着力量和侵略性。正如那句谚语所说的，"我们吃什么，就成了什么"，食用动物使我们变得有力量，适应能力强，更强壮。不仅仅是贝宁的伏都教信徒这么理解这句话，有时候美国人也这么认为。

这至少是保罗·罗津（Paul Rozin）——宾夕法尼亚大学的文化心理学教授以及世界级的人类食物选择专家，在他的实验里发现的。罗津在20世纪70年代创造了术语"杂食者困境"，并且认为文化是我们选择食物的强大的决定性因素。在他的一次实验中，他让一组学生阅读了一个假想的遥远社会的故事，在这个社会中，人们经常食用野猪肉；而另一个小组则阅读了一个关于食用乌龟的文化的类似文本。之后，当罗津要求学生描述每个社会的典型成员时，食用野猪者被认为比食用乌龟者更具进攻性、反应更快、拥有更多体毛。这是一个"你吃什么，就成了什么"的完美例证：如果你食用野猪肉，你就会变得像野猪一样。

使这种信念更具说服力的一件事情是，有时它确实是真的。如果你食用很多胡萝卜，胡萝卜素可以让你的皮肤变成橙色；如果你吃了很多脂肪，你会变胖。从这里很容易想象，食用马或牛可以使你强大，吃生菜会让你虚弱。"beef（牛肉）up"是指变得更强大；"vegetable（蔬菜）"指的是严重受损的人；我们用"couch potato（沙发土豆）"指称电视迷，而不是"couch steak（沙发牛排）"；放松一下是"veg out"。很少有人想变得迟缓和虚弱，所以我们宁愿食用动物而不是植物，对于男人来说更是如此。

当你在电视机前"veg out"的时候，你可能会看到这样一个广告：一个身着绿色 polo 衫的年轻人正在杂货店收银台等候；另一个和他的年纪差不多的人排在他后面，开始将购物车里的东西放到传送带上。收银员扫描第一个人购买的食物：大量的绿色蔬菜、一些萝卜和豆腐。当她扫描物品的时候，豆腐男瞥了一眼身后的那个男人和他买的东西：红色排骨和一堆其他不明肉类。肉类、肉类和更多的肉类。豆腐男开始觉得不舒服，就好像他的鞋子太小或他的领子太紧。随后，他的眼睛盯上了悍马 H3 的广告。他把装满蔬菜的手推车从商店推出来，表情变得坚定无比。于是他开车直奔通用汽车经销店，毫不犹豫地给自己买了一辆悍马。随着强劲的背景音乐响起，豆腐男一边啃着胡萝卜，一边开着他新买的车离开。最后屏幕上出现了醒目的四个大字："恢复平衡"。

我刚才描述的是 2006 年在美国播放的悍马 H3 广告。原标题实际上是"重拾你的男子汉气概"——但因为人们有所抱怨，所以广告商后来对此进行了修改。然而，这个隐藏的信息仍然十分明显——"真正的"男人是吃肉的。如果你不吃肉，你至少可以通过驾驶一辆巨大的、不环保的汽车来提升你的阳刚之气。

你不必花费很大的力气去找那些宣称男人需要肉食的广告，达美乐比萨做过一个传递类似信息的广告，塔克贝尔、麦当劳、玩偶匣、奎兹诺斯和星期五餐厅也是这样。在汉堡王的主打男子汉气概的广告中，男人们"过于饥饿，无法勉强接受鸡肉食品"，需要一个巨无霸汉堡来表现自己"像个男人一样吃东西"。在新西兰，推广狮子红啤酒的活动给予男士们"男人积分"，即如果他们进行了一些男性活动，例如搭建一个平台，与朋友一起钓鱼，就开始烧烤；但如果他们问路，给不是地板的任何东西打蜡或者煮豆腐的话，则扣减"男人积分"。

社会学导论课程的教师有时会建议他们的学生做一个实验：和一个异性一起去一家餐馆约会，男孩点蔬菜，女孩点牛排。完成这个步骤之后去观察服务员的反应，他很有可能把肉放在男孩面前，把蔬菜放到女孩面前。但并不仅仅是服务员把肉视为男性特质，大学生也是如此。在罗津的另一项研究中，当被问及哪些食物是最"男性"的时候，宾夕法尼亚大学的学生选择了牛排、汉堡包和辣味牛肉汤。与此同时，最"女性"的食物则是巧克力。

当然，人们注意到肉类是"男性"的食物并不是什么新鲜事。有一幅油画描绘了亨利八世食用牛排，而他的 6 个夫人则分别啃食苹果、白萝卜和胡萝卜的场景。这种二分法（肉类—男性，蔬菜—女性）在战争中更为明显。如果肉类可以使男人强壮的话，没有谁会比士兵更需要它。都铎王朝的骑士每天可以获得约 1 千克肉的供给，而大量的平民几乎吃不到任何肉类。在更晚一些时候的第二次世界大战期间，美国士兵消耗的肉类总量是平民在家消耗的 2.5 倍。那些指挥官相信，动物蛋白质对于士兵在前线的超常表现是很有必要的。正如西非的伏都教相关产业从业者那样，美国的战争策划者认为，吃肉可以帮助士兵们打败敌人。如果你想像狮子一样战斗，你就需要像狮子一样进食。

为了找出这种信念的根源，我们得追寻一下谁最有可能开启了"吃肉会让你吸收动物的力量"的这个城市传奇（或者说大草原传说）。答案很可能是男性。他们是带回了罕见的猛犸象腩或长颈鹿腓力肉排等稀有食物的人，也是他们决定了如何分割肉类以及谁可以获得多少份额。

男人们曾经聚集在篝火旁谈论政治，就像他们今天聚集在价值大约2000美元的不锈钢燃气烤架旁那样。狩猎和吃肉强化了两性不平等：为了确保女性没有从肉类中获得动物的力量，或挑战男性作为稀有但富含营养的食品的提供者地位，禁忌被确立。即使在今天，大多数肉类禁忌仍是针对女性的。例如，一些非洲部落禁止她们食用鸡肉；而另一些非洲部落，如坦桑尼亚的哈扎部落，则为男性保留了猎物中脂肪最丰富的部分，如果一个女人敢偷一口，她会被强奸甚至被杀害。当然，这些禁忌保障了男性拥有用以果腹的食物。

经过了一代又一代，肉类与男性身份的联系得到强化，成为父系世界的代名词。更重要的是，性被添加到这种联系中。今天，有些人可能会在3月14日开玩笑地庆祝"全国牛排和口交日"（是的，这是真的），但在过去，吃肉和做爱之间的关系会被更严肃地看待。在维多利亚时代，人们认为肉类会激发欲望，因此建议学生们不要食用，以免他们手淫。人们还认为动物肉对孕妇来说"太强"，并会导致年轻女孩成为慕男狂。具有讽刺意味的是，最近的科学数据表明，情况可能恰好相反，肉类可能不是我们的祖先所宣称的性补品。研究表明，频繁摄入肉类可能会对精液质量产生负面影响（这也会为"肉类适合真正的男性"的观点蒙上一层阴影）。更重要的是，一位男性，如果他的母亲在怀孕期间经常吃牛肉，当他成年后，其精子的浓度可能会低于不爱食用牛肉的女性的儿子。

那么，为什么肉类和性会被联系在一起？根据卡罗尔·J. 亚当斯（Carol J. Adams）所说，是我们的父权社会建立了这种联系。作为一名女性主义者和作家，她自称是"沉浸于理论中的激进分子"。自1990年她的《肉类性别政治》（*The Sexual Politics of Meat*）出版后，亚当斯就出名了，在这本书里她惹恼了不少人。英国《星期日电讯报》（*Sunday Telegraph*）开玩笑说，它实际上是由一个"假装是疯女人的东欧男性学者"所著。亚当斯不是学者，也不是东欧男性，更不是疯女人。当我致电邀请她接受采访时，她建议我打开录音机："我说话很快。"她提醒我。确实是这样，她有很多想法想告诉我，而且她的思维也很跳跃。

亚当斯认为，在父权社会中，动物和女人都不被视为国民，而是物品。对于雌性动物来说，这往往意味着它们最终会变成食物；而对于人类中的女性来说，这意味着她们是二等公民，会违背她们自己的意愿而被性"消费"。亚当斯解释道："食用肉类和性暴力一样受益于物化，因为你没有意识到另一个生物是活生生的、会呼吸的个体。"这种物化的结果是，男人学会轻视女人，而每个人都对肉类上瘾。对人类文化进行的一项调查发现，一个部落的饮食结构中含有越多的动物性产品，女性的权力就越弱。另外一件有趣的事情是，一个社会消耗的肉类越多，父亲与婴儿的距离就会越远。21世纪，穿着抱婴袋的父亲（也有可能是离开工作岗位留在家中陪孩子的父亲）很可能是素食者。

尽管穿着抱婴袋，喜欢食用豆腐的父亲似乎无处不在，然而正如亚当斯告诉我的那样，她的书出版以后，性、肉类和男性之间的联系变得更加密切。"回到20世纪80年代，我们在女性权利保护方面取得了一些成功，动物权利运动也开始强化，我觉得，或许你能来得及在创作本书的过程中，对逐渐消失的一些现象做一些评论。"她说。但这种现象其实并没有消失。今天，电视广告说服了男性，让男人认为他们要通过吃肉来保持男子汉气概——大众媒体也是如此。在美国发行了165万册的生活类杂志《男士健康》（Men's Health）特意对此发表了观点：对于一个男人来说，健康的食谱包含大量的红肉。其中有一篇文章这样写道："蔬菜是为女孩准备的……如果你的直觉告诉你，食用素食是没有男子汉气概的，那么你是对的。"

那么这种"食用肉类等于男子汉气概"的观念是从哪里来的呢？亚当斯告诉我，传统的"男子汉气概"现在正在受到来自女性主义、同性恋运动、都市"花美男"和世界上所有穿着抱婴袋以及咀嚼胡萝卜的父亲的威胁。

传统的"男子汉气概"需要被重新定义，一种方法是重新将它与食用带血的动物肉联系起来，即使杀死那些动物并不需要任何的技能或力量，即使那些有塑料包装的肉类只是来自超市。21 世纪的男人可能觉得自己正在失去权力和支配地位，因此他们想夺回来。对于肉和"男子汉气概"的关系抱有这种想法的不仅仅是亚当斯一个人，其他研究人员也指出了这种"男子汉气概危机"，并将食用肉类视为回归男性根源的象征。另一种观念是，拒绝肉类就是拒绝主流的男性主义，或者从某种意义上拒绝父权社会本身。这样做的男人会面临来自其他热爱牛排的男性的嘲笑和反对。亚当斯在书中写道："他们选择女性的食物。他们怎么敢这样？"同时，对于女性来说，放弃肉类，可以成为一种把自己与传统的、男性主导的社会分开的方式，在这个社会中，女性和动物都是被物化的。这可能就是许多 19 世纪的妇女运动者坚持素食主义，以及如今亚当斯主张女权主义者和素食者应该携手并进、互相帮助的原因。另一方面，对于一些女性来说，食用带血的烤肉可能是进入强大的秩序的一种体现（想想在华盛顿特区无处不在的牛排屋中食用五分熟的牛排）。如果她们不能拥有整个世界，至少想要来一口肉。这也是有道理的，因为肉类象征着支配穷人和底层群众的权力。从最早的旧石器时代的稀树草原开始，当我们的祖先以展示他们杀戮的方式形成联盟并获得社会地位时，肉类就一直是奢侈和财富的象征。

食肉是富人和强者的象征

1922 年 11 月，一位名叫霍华德·卡特（Howard Carter）的考古学家发现了埃及法老图坦卡蒙墓，这座墓在炎热的埃及沙地上已经沉寂了三千多年。当时，卡特在墓室前厅的封锁门上打开了一个小洞，他眯着眼睛朝里看。他首先发现了 48 个刷了白粉的木箱。他很快就意识到，这些箱子里全部装满了肉。但是牛肉和家禽的肉不是直接从屠夫那里被扔进箱子里的，如果它们是直接被扔进去的，很快就会腐烂变臭。相反，它们和木乃伊一样，被用香脂草仔细地处理过。时至今日，考古学家已经发现了数百种古老的"肉食木乃伊"——精心保存的肉类，埃及贵族想将它们带去"来世"。早在那时，肉似乎就是财富的象征了，无论是在人世还是在阴间。

几个世纪以来，拥有肉类的多少都是衡量一个人拥有财富多少的完美指标。作为财富的象征，这个物品必须是极其稀有并且难以获得的。试着比较一下百达翡丽手表与沃尔玛的 T 恤。也许你不必冒着生命危险在稀树草原上追寻堪比昂贵腕表的肉，但如果你是一个普通的美国人，为了得到它，那么你将不得不花很多时间工作赚钱。富有的人们使用昂贵且难以获得的东西把自己和普通人区分开来。我最近听到的一个笑话将这个现象总结得很好：一个俄罗斯寡头①在一次派对上遇到了另一个俄罗斯寡头，并赞扬他的领带。"是丝绸的吗？"他问。"是丝绸的。"另一个寡头点了点头说。"你花了多少钱？""5 000 美元。"领带的主人说。"真的吗？这真的太糟糕了，"另一个人摇摇头，"我在莫斯科的时装店看到了一条完全一样的领带。你本来可以用 10 000 美元买到它的！"

过去，肉类曾经像笑话中的丝绸领带一样；即使是现在，在世界上许多地方，肉也依然占据这样的地位。它很受欢迎，因为它既昂贵又难以获得。一项心理实验表明，如果店主宣传"只有今天！"或者"只剩下 10 个！"人们会更想要买下这个东西，即使他们不需要它。在中世纪的欧洲，萝卜、卷心菜和甜菜根很常见——所以人们并不是很渴望得到它们。而肉类是一种非常稀有的享受，平民几乎吃不到，但是贵族却可能每人每天食用 1.4 千克肉类。当英格兰国王亨利四世于 1403 年与纳瓦拉王国的琼结婚时，他们的婚礼宴席上全是各种肉：野猪的头、野鸡、苍鹭、用白葡萄酒和醋制作的牛蹄冻、酿乳猪、鹤、鹌鹑、乳兔和在木柴上烤得滋滋响的猪肉饼。欧洲的国王和王后，就像其他贵族一样，几乎不吃任何水果和蔬菜。一份有 50 个精英出席的英式晚宴的购物清单包括 36 只鸡、9 只兔子、4 只鹅、

---

① 俄罗斯寡头，指的是在 20 世纪 90 年代俄罗斯私有化过程中一夜暴富的大资本家。

1只天鹅、2块牛臀肉、6只鹌鹑、许多培根和50个鸡蛋、一些香料以及其他。那时如果你买得起香料，意味着你可以买得起新鲜的肉，并且可以扔掉任何腐烂的东西而不必用香料来掩盖动物肉变质的味道。香料只是平民负担不起的另一个财富指标罢了。

有些动物甚至在成为食物之前就是一种身份象征，例如牛。一头可以产奶或者能耕田的牛（这些牛一旦年龄太大而不能工作就会被吃掉）是极其珍贵的。因此，在某种欧洲语言中，"牛"这个词本身就是"资本"的代名词。在梵文里，"争斗"这个词，基本上意味着"对牛的渴望"。你屠宰的牛越多（从某种意义上来说，意味着浪费），就代表着你越强大、越富有。在盛宴上，与其他人分享一头被宰杀的牛，表明你很富有，也意味着你已经成功了。即使在今天，在许多非洲或拉丁美洲文化中，财富的衡量依然是以拥有多少头牛为标准。二十岁出头的时候，我曾和继父一起前往坦桑尼亚，亲身体验过一次。有一天，当我们在市场闲逛时，一名当地男子走了过来。他把我的继父带到一旁，并且很认真地试图用他的4头奶牛作为聘礼来娶我。他说，4头牛是一个慷慨的提议，这意味着他足够富有，可以让他娶一位来自欧洲的妻子。这个提议当然没有被接受，但是从那时起，"富有的坦桑尼亚人 = 许多头牛"这个等式就深深扎根于我的脑海中。

尽管现代西方人不太可能通过其所拥有的牲畜数量（除非他们是农民或肉类产业巨头），或者通过在派对上提供的公猪数量来彰显他们的财力，但他们可能会试图用他们的烤炉的价格炫耀财富。我们喜欢烧烤，可能是因为它能让我们想起舒适的古希腊篝火，或者由于美拉德反应而提升了的烤肉的味道，但这只是一部分原因。烹饪肉食，比起水煮我们更喜欢烧烤，其原因在于肉类是富人和强者的象征。问题是，你不会从一个老到挤不出奶的老奶牛身上切下一片肉来烤制，那不好吃——仅从口感来说。想要食用这种口感发硬的肉，你必须对它进行长时间的小火慢炖。水煮不仅可以让低质量的肉变得可口，而且还可以保留肉中的汁水，所以这种特殊的烹饪方法更加经济。此外，这也是一种制作咸肉，或者处理不新鲜的肉的方法。因此，水煮这种烹饪方式对穷人和饥饿的人来说是完美的。烧烤需要鲜嫩的动物肉以及高级的肉，这给了贵族们一个展示他们财富的机会：看，我们可以负担得起烤制这些新鲜软嫩的动物幼崽的成本。穷人只能在特殊场合吃烤肉。因此，烧烤与财富和节庆联系在一起，这也就是为什么烧烤是男人擅长的烹饪方式，而炖肉是女人擅长的烹饪方式——前者代表名望，后者则不是。

与财富的关联也是美国人喜爱牛肉胜过喜爱猪肉的原因之一。首先，美国的许多移民来自英国，在那里，只有强大的、有权力的人才可以享用牛肉。为了像家乡的贵族一样，"新美国人"希望牛排能成为自己的食物。其次，猪肉被认为是穷人爱吃的肉。猪的养殖成本很低——它们在街上吃垃圾就可以长大（它们通常也都是这样做的）。比如，在19世纪的波士顿、费城和纽约，游荡在大街上的猪都可以活得很好。还有，猪肉比牛肉更容易保存，这意味着在冰箱出现之前，低层阶级通常依靠腌过的猪肉来维持冬季的生活。一直到20世纪初，在很长一段时间内，猪肉维持了整个美国人群体的生存。但是，人们渴望的依然是昂贵、稀有和不容易烹饪的牛肉——恰恰是因为它昂贵、稀有且不易烹饪，这是人类的基本心理所导致的。

正如长期以来象征着男性拥有对妇女和社会较贫穷人员的权力一样，肉类在相当长的一段时间内，也代表着富裕的国家拥有对其他较不富裕国家的权力。食物是民族认同的有力标志。当移民迁移到一个新的国家时，他们可能会开始讲新的语言，并将传统的民族服装束之高阁，但家中的食物是最后才改变的。我有一位住在法国的新加坡朋友，她在床下面储藏了很多亚洲食物，以至于可以让她在"第三次世界大战"中生存下来（幸好，她的库存里没有榴莲）。人们有时候会用某种食物代替一个国家的名称：我们称德国人为"酸白菜"，称法国人则为"青蛙"。19世纪有一种观念开始流行，这种观念认为，在一个民族的膳食中，肉类的比重越大，说明这个民族就越优秀。乔治·米勒·比尔德（George Miller Beard），一位当时在美国非常有名的医生，在谈论这个话题时，得意扬扬地写道："以粗劣食物为食的人是贫穷的野蛮人，在智力上远远不及那些食用牛肉的种族……吃米饭的印度教徒以及吃马铃薯的爱尔兰农民，一直处于吃牛肉的英国人的征服之下。"直到 20 世纪中叶，这种"以肉类为食的国家等于更好的国家"的信念都依然在西方社会牢牢地占据一席之地。在斯威夫特公司①于 1939 年出版的一本书中，这种观点旗帜鲜明："我们知道，食用肉类的民族一直是，并且现在依然是，人类历史向上斗争中取得进步的领导者。"即使在战争结束后，一本为学习屠宰的学生编写的教科书中也兴奋地写道："有'男子汉气概'的澳大利亚种族是一个典型的重度食肉者的例子。"再次重申，吃肉就意味着强大——这是"你吃什么，就成了什么"和"我们比你更好，因为我们能买得起像肉一样昂贵的食物"的另一种表现形式。与此同时，如果一个素食者拒绝肉食，这不仅仅意味着他拒绝了他在餐桌上的"族群"，而且还往往代表着他拒绝了整个国家。将英国人等同于牛肉食用者早在 1542 年就已经出现，当时安德鲁·布尔德（Andrew Boorde）在他的指导手册《金钱》中将牛肉当作完美的食物推荐给英国绅士。在来自英国的"泰坦尼克号"上，晚餐是由"老英格兰烤牛肉"拉开序幕的，而英国的拟人化形象也是爱吃牛肉的约翰·布尔（John Bull）。现在想象一下，你作为一个英国人，但你却不再吃牛肉了，那么你将会拒绝很多文化传承，并舍弃许多国民身份。如果英国的每个人都转为食用素食，那么该国的拟人化形象应该改名为约翰·维奇（John Veggie）。

在美国，食用肉类也是民族认同的一部分。那些征服边境的牛仔，煞费苦心地将牛群迁移到西部，并成为那里的定居者——这些也是关于牛肉的故事。没有肉的话，可能你也不会那么想成为牛仔了。

如果你阅读任何一本关于食品社会学的当代书籍，那么在一个涉及肉类的章节里，很有可能会引用一部作品：《肉类：一个自然符号》（*Meat:A*

---

① 斯威夫特公司（Swift & Company），一家肉类加工公司。

Natural Symbol），这本书由尼克·菲德斯（Nick Fiddes）所著。菲德斯是一位放弃学术来换取苏格兰方格短裙的人类学家，他提出了另一个关于"为什么我们觉得肉很诱人"的理论：它象征着我们对自然的征服的力量。咀嚼和吞食其他高度进化的有机体，那些有自己的感觉、能够战斗并且会流血的有机体，是我们人类超能力的展现。我们可以杀死你们，我们可以吃掉你们。对手越强大，剥夺它的生命的行为就显得越有威望（在非洲猎狮是让人享有声望的活动，在田地里收割卷心菜就不是那么重要）。菲德斯认为（许多社会学家都认同他），我们依然非常重视肉类的原因不在于我们需要狩猎其他动物，而在于这种行为会伤害这些动物。如果胡萝卜在被采摘的时候会遭受苦难，会竭尽全力地为它们的生命斗争，那么食用素食这种行为可能就会比现在拥有更高的地位。事实上，只有屠宰动物才能向大自然的其他生物证明我们人类是多么强大的生物，我们人类才是丛林真正的国王。

食肉拥有如此强大的象征意义，难怪我们会迷上肉食。我们人类喜欢权力，而这正是肉所代表的。由于狩猎活动危险重重，很难捕获到的动物，就显得弥足珍贵，于是能够获取动物的肉逐渐开始意味着对妇女、穷人、自然和其他国家的权力。从贝宁的伏都教徒到宾夕法尼亚大学的学生，我们相信，通过摄取肉类，我们会吸收动物的力量。停止吃肉则意味着冒着"变成蔬菜"的风险，难道你能说像卷心菜一样快，像莴苣一样强壮（毕竟，你吃什么，就成了什么）？如果你是一个男人，放弃牛排可能意味着你对父权社会的放弃——在这样的社会里，富人位于顶层，贫穷的妇女位于最底层——这可能意味着你会变得不那么男性化，可能成为你不再是"真正的男人"的原因之一。最近的科学研究证实，那些持有专制主义信仰，认为社会等级制度重要，追求财富和权力，支持人类统治自然的人，比那些反对不平等的人食用了更多的肉类。

但是即使肉类没有浸淫在所有这些强大的象征主义中，我们也仍然很难放弃它，因为我们的饮食习惯延续了很多代——并且通常很少有人思考这是为什么。我们在母亲的子宫中习得我们的饮食偏好，然后在哺乳期强化这种偏好。作为孩子，我们观察周围的人在食用肉类时脸上快乐的表情，然后了解到肉是好的。真的，真的很好。很早就习得这种偏好，并被我们的文化所强化，这是一个没法不去学习的课程，太难了，以至于几个世纪以来，许多素食运动的领导人未能说服群众遵循他们无肉的进食方式。然而，假如历史的风吹得恰到好处，他们中声音最响亮的人可能已经取得了成功——只要他们不那么激进，不那么古怪，并且展现出更高超的烹饪技巧。

第 8 章

为什么素食主义
在过去失败了

缺乏当权者的支持，素食主义难以盛行

两千多年前，有一个可以在水上行走并治愈疾病的人，他内心宁静，拥有伟大智慧，甚至有人说他去世后又转世了，他就是古希腊哲学家、数学家毕达哥拉斯（Pythagoras）。今天的孩子们通过在学校学习勾股定理而了解毕达哥拉斯——你可能仍然记得 $a^2+b^2=c^2$ 这个等式。毕达哥拉斯也是第一个提出"地球是圆的""月亮的光是由于反射而形成的"的人，尽管在水上行走只是一个传说，但是他一生的成就远不止数学和天文学。

人们常说毕达哥拉斯看上去引人注目——他非常高大帅气。"像上帝一样。"有人这样说。 甚至有传言，他实际上是阿波罗的儿子，即宙斯的孙子。使他脱颖而出的还有他的穿衣风格：白色的长袍和裤子。这是一种不寻常的风格，因为在公元前 6 世纪的希腊，没有人会穿裤子。然而，他的外表和穿衣风格并不是他成为异类以及许多喜剧作家的笑柄的原因，他的饮食才是，或者至少是原因之一。

如果在大约 1650 年的巴黎或 1830 年的伦敦，你决定不再吃肉，你不会告诉你的朋友你要吃素，而是告诉他们你要像毕达哥拉斯一样生活。直到 19 世纪"素食者"这个词被创造出来之前，"毕达哥拉斯"这个名字是"不食用肉类"的代称。

毕达哥拉斯相信转世，即灵魂的轮回。在今生你可能是一个人，但在来世你可能会变成一头猪，被宰杀然后制作成培根。有这样一个故事，毕

达哥拉斯曾经阻止一名男子殴打一只狗，因为他确信从这只狗的叫声中听出了一位死去的朋友的声音。如果人真的能变成动物，那么人怎么能吃动物的肉呢？如果你盘子里的牛排是你转世的曾祖母的肉呢？为了避免这种风险，毕达哥拉斯和他的门徒们的饮食由简单的面包、蜂蜜和蔬菜构成，他认为这样的饮食比食用肉类更健康（正如现代科学所证明的，他可能是对的）。对于毕达哥拉斯来说，与大多数素食者一样，拒绝食用肉类与动物福利无关，也和其他的生物无关；那完全是关于我们人类的，与这种残忍的做法会影响我们的心智有关。

像毕达哥拉斯这样聪明的人也没有独立地提出关于饮食的所有观点。他很可能受到古埃及祭司的影响，在那里，自发地拒绝肉类的理念早在5 000 年前就已经开始了。毕达哥拉斯与当时著名的思想家佛陀和马哈维亚（耆那教的改革者）之间可能也有一些思想交流，这三位伟大的哲学家的生活在很大程度上彼此重叠，他们对我们的教导如此一致，似乎太巧合了。即使他们都相信灵魂的轮回，并宣扬放弃食用肉类，但只有佛陀和马哈维亚成功地改变了亚洲，毕达哥拉斯和他的学生仍然是被嘲笑的对象。

为什么希腊食用肉类的历史这么悠久呢？素食主义是否因为毕达哥拉斯没有像佛教或耆那教那样与宗教有关联而失败？也许吧。也有可能是因为在古希腊，人们通常选择在公共节日吃肉，这些节日巩固了整个社会基础，拒绝食用祭祀用的肉类使毕达哥拉斯们成为异类——拒绝肉类就是拒绝整个城邦体系。在希腊，吃肉这种习俗能够得以延续，也可能是因为那里没有强大的、倡导素食主义的皇帝。古希腊的统治者不会像印度著名的统治者阿育王一样支持禁食肉类的运动，宣扬佛陀的教导。更重要的是，在毕达哥拉斯时代，肉类在希腊被视为"巨大肌肉的燃料"，是提高备受宠爱的运动员的成绩的食物——其中一些人食用相当多的肉。举例来说，克罗托那的摔跤手米罗以每天消耗9 千克肉而闻名。古希腊人就像保罗·罗津以及宾夕法尼亚大学的学生一样，相信"你吃什么，就成了什么"。他们认为，食用夜莺的肉可以治愈失眠，很可能也会得出这样的结论：吃野猪会使运动员强壮。但是希腊人对肉类持续热爱的特别重要的一点原因可能是，古代地中海地区的素食食品并不像搭配了众多香料、蔬菜和水果的印度素食那样诱人。毕达哥拉斯的追随者每天只食用少量面包、水和少量葡萄酒；而在印度，素食者先吃用香料炖的蔬菜和香米饭，然后再吃调味的凝乳、焦糖、甜石榴和芒果蛋糕等。

尽管毕达哥拉斯教导古希腊人不要食用肉类，但在希腊吃肉一直都很盛行。而在古代的其他时期，欧洲的素食主义只不过是精英主义哲学的一部分，是一个异类的领域。在以角斗士闻名的罗马，素食主义是那些激进分子和不甘于现状者的选择。如果你想避免麻烦，最好把素食主义意识形态隐藏在盘子里的肉上。这就是塞内卡族人还有诗人奥维德（Ovid）所做的，他们只是为了安全。

与此同时，在地中海的东南角地区，素食主义思想的另一颗种子开始扎根。如果它取得了成功，我们的西方饮食文化可能会与现在完全不同。

我站在约旦中部的一座被叫作尼波山的山顶上，这座山高约 817 米。当时才四月，但天气非常热，我感觉我的皮肤变成了羊皮纸。目之所及都是荒芜、褐色的山丘，只有很少的一片植被。我希望能纵览美景，但不走运，因为空气不够清新，所以我无法透过那镜子般闪闪发光的死海的水面看到任何东西。但是，几千年前，当摩西立于同一个地方时，呈现在他面前的是完美的耶利哥山谷全景——这是他第一次从这个角度欣赏应许之地。他看到了（如果不是因为天气原因，我本来也可以看到）人类与肉类的关系可能发生深刻变化的地方——库姆兰。在"圣经时代"，它被称为盐城，但此刻它看起来并不像从前那样辉煌，现在的库姆兰只是一个沙尘堆积的考古遗址，也就是说它只不过是一片废墟。然而，在公元前 2 世纪后半叶至公元 68 年之间的某个时间点，库姆兰曾经是一个充满活力的地方。它有几个祭礼用的浴池、一个图书馆、一个公共中心和一个复杂的供水系统。据一些《圣经》研究人员说，这里也是准备向世界各地传播基督教版的素食主义的地方。

对于那些信奉《圣经·旧约》的人来说，素食主义的历史非常简单，它不是始于古埃及或毕达哥拉斯所处的希腊，而是起源于人类诞生的时候。毕竟，在伊甸园中，在许多"赏心悦目"的树林中，生活着世界上最早的两位素食者——亚当和夏娃。

如果曾有什么差点就能将西方世界从肉类中解放出来，那就是《圣经》和基督教。结局却恰恰相反，这二者使我们食用肉类的饮食习惯更加牢固。《圣经》到底是亲蔬菜还是亲肉，取决于你向谁发问。不过，论辩的双方似乎都承认，起初，根据《圣经·旧约》，世界确实是素食主义的。正如著名的《创世记》引言所说："我给你所有地上有种了的植物，所有树上有种子的果子，它们将成为你的食物。"在洪水之后，食用肉类看起来像是上帝对他顽皮的孩子的一种妥协：好吧，你去吧，如果你真的想要，你可以吃肉。或者用《圣经》的话说："所有活着的、行动的生物都将成为你的食物。就像我给了你绿色的植物一样，我现在给你一切。"这是一种许可，这种许可允许人类生活在堕落的罪恶世界中，生活在一个不完美的世界中，这就是为什么一些哲学家把它当作证据：对于《旧约》的神而言，在人们能够再次为更纯粹的无肉状态做好准备之前，吃肉只是一种暂时的解决方案，最终素食主义才是最正确的选择。在过去的几个世纪里，对《圣经》的这种解释导致许多人被处以火刑。但基督教的历史本可以有不同的发展，比起反对素食主义，基督教本可以接受它。

1947 年春天，在尼波山附近的沙漠中，一些年轻的贝都因牧羊人在寻找他们流浪的山羊时，来到了一处隐秘的洞穴。在洞穴里，他们发现了真正的宝藏：几个装满了脆弱羊皮纸和纸莎草纸的罐子。这些牧羊人偶然发现的正是库姆兰遗址。

在库姆兰的洞穴中发现的一些古代卷轴讲述了耶稣时代的故事，但这些故事并未成为《圣经》真经。如果《圣经》学者罗伯特·艾森曼（Robert Eisenman）说得对，那么这些故事可能会重新阐述素食主义的历史。根据艾森曼的观点，库姆兰卷轴表明，被称为"耶稣的兄弟"的公正的雅各（可能是亲兄弟）严格地戒掉了肉食，并且成为库姆兰和耶路撒冷素食教会社区的领导者。如果是雅各的追随者而不是使徒保罗的追随者赢得了早期教会的领导权，今天的基督教和我们的饮食习惯可能都会不同。雅各的门徒声称耶稣不是上帝，而使徒保罗则相信基督的神性并崇拜他。当然，这是争论的主要内容，也是使徒保罗把雅各当作对手，并且尽其所能与他对战的原因。肉食成了两者之间的另一个争议点（对于使徒保罗而言，素食主义只不过是一个"弱点"）。使徒保罗和他的追随者在早期教会教派之间的冲突里取得了胜利，因此使徒保罗的观点，包括那些关于吃肉的观点占了上风。公元 68 年，当罗马军队去镇压耶路撒冷犹太人的大起义时，他们摧毁了支持反叛分子的库姆兰定居点，这标志着素食教派游戏的结束。随着时间的流逝，雅各写出的基督教教条被边缘化、被遗忘——他的素食主义思想也是如此。然而，我们可以设想一个这样的世界，在这个世界里，不是使徒保罗而是雅各拥有最多的支持者；在这个世界里，基督教并没有鼓励食肉，而是禁止食肉。但这显然不是真实历史的样子。

相反，食肉成为基督教正教的一个重要组成部分，而素食主义反而成为异端的标志，以至于苍白的脸被认为代表着戒掉肉类的叛教者。由于欧洲中世纪的许多邪教组织宣扬纯植物性饮食，因此食用动物肉被视作虔诚的标志。从某种意义上说，东正教教会的敌人对素食主义思想的狂热，使得东正教教会的追随者在食用肉类这件事上更加坚定。为了将"正确的"教会与异教徒分开，1215 年的第四次拉特兰会议竟然宣称，在圣餐仪式上，信徒消耗的是基督的真实肉体，而不仅仅是一个象征人体的肉片。天主教的圣餐仪式成为反对邪教和素食主义的一种方式。今天，如果一个人既是坚定的素食者又是虔诚的天主教徒，在星期天的弥撒中，他就会被置于一个无法调和的两难中——听从东道主的指令食用肉类，打破素食信仰（毕竟是肉）；或者拒绝肉食，站在天主教的对立面。

与此同时，在中世纪，拒绝吃肉可能会让素食者陷入麻烦。在公元 4 世纪，亚历山大的族长提摩太对神职人员进行了考验，那些不愿意食用肉类的人被怀疑是摩尼教的人（也被称为"素食恶魔崇拜者"）。在法国，数百名纯洁派教徒因为相信"肉是恶魔的产物"而被烧死；在伊斯坦布尔，素食者鲍格米勒派也经历过同样的事情。当然，这两个团体并没有因为拒绝食用肉类而消亡，戒食肉类只是他们宗教和政治错误的一个标志。鲍格米勒派是拜占庭统治者心里的刺，因为他们鼓吹了斯拉夫人的解放；纯洁派教徒因卷入了法国北部和南部之间的战争而死去。

对素食主义而言，素食主义依附于政治和宗教本身就很糟糕了，然而更糟糕的是，它依附的是弱者和失败者的阵营。另一方面，在中世纪，如果没有宗教的强烈支持，群众就不会遵循素食主义的意识形态。在中世纪的欧洲，除非你是一个傻瓜，你才会在有机会吃肉的情况下拒绝吃肉。那时候几乎没有任何可供浪费的食物，特别是像肉类这样营养丰富且热量高的食物。欧洲不像印度有丰富的豆类——这些都是很好的肉类替代品。素食者的宗教信仰，无论是类似基督教正义的雅各的素食者，还是基于所谓异端学说的素食者，原本都可以利用"食用肉类有罪"，让人遭到道德上的谴责，这就足够让饥饿的农民远离肉类了。然而事实上，食用肉类这种习俗延续了很久，因为那些鼓励食用肉类的人享有更多的话语权。

然而，强大的敌人可能并不是素食主义没有在中世纪兴盛的唯一原因。异端学说可能因为过于激进且禁欲过度而失去了一些穷人的支持。正如罗伯特·艾森曼曾告诉我的，素食主义与纯洁之间的联系可以追溯到库姆兰社会。对他们来说，避免吃肉是为了"防止不洁的食物污染天堂"（艾森曼说）。稍后在欧洲也出现了类似的情况。中世纪的异教徒不仅声称食用肉食是罪过，也相信更深远的纯洁性——他们宣扬完全禁欲以及禁止饮酒。换句话说，他们的生活没有太多乐趣，这是素食主义历史上反复出现的问题。即使在主流的教会教义中，不吃肉也等同于身体的禁欲，有点像穿着粗毛布衬衣的苦行僧。只有在正式斋戒期间，你才需要这么做；或者如果你是一名僧侣，你也需要做到。临时的素食主义被认为会减少精液的流动和抑制欲望，也就是：无趣。

天主教徒和异教徒可能会就另一个问题达成一致：肉食戒令与动物的痛苦无关。就像毕达哥拉斯所认为的一样，素食主义是关于人的灵魂的，而不是关于牛和猪的。上帝显然将动物交给人类来统治。此外，动物不像人类，人类是按上帝的形象创造的。这就是圣弗朗西斯（St. Francis），一个肉食爱好者所相信的。这也是圣托马斯·阿奎那（St. Thomas Aquinas）相信的，他甚至这样说道："人类如何对待动物并不重要。"而对圣奥古斯丁（St. Augustine）来说，不杀动物只是一种迷信。这种将动物视为劣等生物的想法，得到了《圣经》和教会哲学家们的认同，在工业时代的曙光来临之前，一直在增强我们对肉类的渴求。过了很长时间，直到19世纪中叶，人类才开始将动物的痛苦作为禁止屠宰它们的理由。

过度禁欲和追求纯净的素食主义难以成为主流价值观

约翰·哈维·凯洛格（John Harvey Kellogg）是一个非常矮小的男人，身高大概只有160厘米。他声称自己的腿很短，喜欢坐着接待游客。但他却有很强的自尊心，他控制欲极强、专横、雄心勃勃，并且近乎疯狂地努力工作——他经常一天工作20小时。他的目标是通过改变美国人的日常生活习惯来改善他们的健康。他的着装从头到脚都是白色。他认为，衣服应该舒适，并且他反对防渗透面料、紧身胸衣和高跟鞋。受到主张"植物性饮食对健康有益"的当代作家的启发，他放弃了肉类，成为一个素食者。更重要的是，他相信动物是"有感觉的生物"，它们不应该被视为"棍棒或石块，……而应当是生物"，人们也不应该为了食用动物而宰杀它们。

凯洛格是一名医生，尤其擅长外科，他的受训经历和声誉有助于他推动人们的饮食习惯转化为素食。在他的一次热门讲座中，他将一块牛排置于一台显微镜下，而在另一台显微镜下放了一堆粪肥。经过比较，他宣称肉中存在更多的细菌。1876年，他成为位于巴特克里市的西方医疗改革机构的负责人，他将该机构更名为疗养院，并将它变成了当时富人和名流想要改善健康状况时的首选场所。在这座疗养院最受欢迎的时期，这座壮观的疗养院大楼每年约有 7 000 名客人来访，其中包括亨利·福特（Henry Ford）、J. C. 彭尼（J. C. Penney）、美国艾尔哈特（Earhart）和托马斯·爱迪生（Thomas Edison）。很快，巴特克里疗养院就开始提供全素食，这些素食相当清淡——零香料、低脂肪和低蛋白质。然而值得庆幸的是，凯洛格的妻子艾拉指导开发的产品，在疗养院的测试厨房里被证明更受欢迎——格兰诺拉麦片、豆浆和花生酱，这些本来是给那些不能很好地咀嚼坚果的病人设计的（凯洛格声称适当咀嚼对健康非常重要）。并且，还有玉米片——取得了巨大成功的扁平烤玉米粒。

凯洛格独特的风格与 19 世纪的英国和美国其他素食主义领袖非常契合。他们是一个真正的多姿多彩的团体：激进的、直言不讳的、天真的、古怪的。尽管他们可能没有把自己的美国同胞和英国同胞变成永远的食草动物，但他们也没有完全失败。在某种程度上，他们对我们的饮食方式产生了巨大的影响，使我们中的大多数人成为偶尔的素食者。

试想一下：什么是所谓的传统英式或美式早餐？鸡蛋、培根和香肠。换句话说，就是成堆的肉。然而，现在我们大多数人每天早餐都吃些什么呢？麦片、花生黄油和果酱三明治、糕点。到目前为止，只有不到 20% 的美国人早餐吃肉，最常见的美式早餐是冷麦片，另一种则是花生酱三明治。如果你喜欢这些食物并且经常食用它们，那么你应该感谢 19 世纪的素食者，尤其是约翰·哈维·凯洛格和他的妻子艾拉。但凯洛格并不是唯一一个开发素食替代品并使之成为主流的人。还有另一种使无肉生活在美国风靡一时的产品：全麦面包、全麦饼干和全麦面粉。

西尔维斯特·格雷厄姆（Sylvester Graham）并不是一名医生，他没有接受过正规的医学培训，只是自学医术。然而，他提出了一些与卫生保健相关的激进建议，如锻炼、呼吸新鲜空气和经常洗澡。格雷厄姆是一位年长的牧师与一位精神病患者所生的 17 个孩子中最小的一个。虽然他从小体弱多病，但还是平安长大了，有人说他是"美国素食主义之父"。或者，正如拉尔夫·沃尔多·爱默生（Ralph Waldo Emerson）所说，他是"麸皮面包和南瓜的先知"。虽然格雷厄姆没有发明全麦面包和面粉，但他做了很多推广它们的工作，他相信全麦面包比精制的白面包更健康。格雷厄姆还相信植物性饮食是健康的，并努力推广它们。就像早期的素食者被称为毕达哥拉斯学派，在 19 世纪的美国，这些素食者被称为格雷厄姆派。1832 年，素食运动获得了异乎寻常的推动力：霍乱蔓延。大多数美国人认为，为了不生病，人们必须食用大量的肉，且要避免食用作为邪恶化身的蔬菜和水果——它们被认为会导致疾病，甚至连政府也宣传这样的说法。例如，华盛顿特区的健康委员会建议人们应当"适量"食用土豆、甜菜、番茄和洋葱。

然而，不吃甜菜的人仍然会生病乃至死亡。与此同时，格雷厄姆采取了另一种立场，除了提倡勤洗澡和勤通风之外，他还告诫美国人要吃那些"可怕的"蔬菜，忘记肉类。由于他是个优秀的演说家，他的讲座吸引了成千上万的观众。也因为肉食性饮食无法对抗霍乱，一些人准备尝试素食。许多格雷厄姆派声称，他们开始慢慢感觉到新食谱的好处了，素食者的队伍也开始壮大。

19 世纪中期对于素食者来说是一个好时期。他们不仅不再被烧死在火刑柱上（这一直是个附加项），而且第一个非宗教的素食组织也开始成立。如果不是因为在西欧和美国人们更容易买到肉，素食运动的相对繁荣早就实现了。商店里也出现了更多的蔬菜、谷物和肉类替代品，实现植物性饮食变得更有可能。素食宇宙的中心转移到了大不列颠——在这个国家里，以素食为主的印度菜非常有名；在这个国家里，城市化让人们与他们的想法更加紧密地联系在一起，使他们渴望自然；在这个国家里，新教比天主教给予了动物更多的权利；在这里，查尔斯·达尔文（Charles Darwin）宣称，动物和人类没有那么不同。

1847 年，在英国拉姆斯盖特简朴而庄严的诺斯伍德别墅里，一群毕达哥拉斯学派的人召开了一次会议。这些人中有的已经长达 38 年没有食用过肉类了，然而正如当代的杂志所言："他们看起来都是父权制的、健康的、强壮的、充满智慧和爱的。"他们来到了拉姆斯盖特，成立了一个新的组织——素食社会，这是世界上第一个素食组织。那天有超过 150 人承诺要食用"水果和淀粉类食物"（淀粉类的意思是"富含淀粉"）。当时，"素食者"一词也被正式采用，源自拉丁语"蔬菜"，意思是"过着健康生活的人"。很快，类似的组织也在其他国家兴起，如 1850 年的美国、1886 年的澳大利亚。

如果"水果和淀粉"听起来不太诱人，那是因为它们本身就不好吃。素食者的食物是 19 世纪素食运动没有吸引大众的主要原因之一。简而言之，素食是糟糕的——清淡、过度烹饪、没有调味。如果你在 1890 年或者 1920 年，到一家素食餐厅，你无法吃到现在费城费吉素食餐厅供应的腌茄子和辣椒酱的"薄肉"馅饼。你只能看到"蔫巴的胡萝卜，几撮水煮甜菜，还有……至少是一个装满各种绿色植物和青草的地窖"，正如一位记者曾报道的那样。香料，甚至是盐，都被认为是有害的，就像酒精一样，都被严格地禁止。蔬菜经常被煮成糊状——有一位作家建议所有的蔬菜都要彻底煮熟，"以防止任何酥脆的口感"。甚至连约翰·哈维·凯洛格也只吃苹果、全麦饼干、土豆和燕麦粥。对于上流社会的贵族阶层来说，他们的味蕾已被美食盛宴训练得异常敏感，因此对于他们来说素食一定是非常乏味的。对于那些低一些的、有抱负的阶层来说，素食也没有什么值得渴求的。

如果素食糟糕的味道还不足以让人们继续吃肉的话，19 世纪的素食运动就用它的禁欲主义吓到了一些潜在的追随者——就像之前毕达哥拉斯学派和异端学说所做的那样。格雷厄姆派想要战胜许多邪恶：肉是邪恶的，烟草是邪恶的，酒精是邪恶的，性行为是邪恶。格雷厄姆告诫人们，性交过度会损害身体，不利于身体健康。凯洛格甚至更进一步，呼吁女性接受割礼，这样女性就不会从性爱中获得任何快感。这场禁欲运动的领导人自身也是恪守禁欲规则的。凯洛格睡在地板上，拿报纸当床垫，而威廉·奥尔科特（William Alcott）——美国素食主义倡导者，则在凌晨 4 点洗冷水澡，以此来开始他一天的生活。与此同时，列夫·托尔斯泰（Leo Tolstoy）——时断时续的素食者，呼吁富人捐出他们的钱和土地以回归自然。你可以猜得出来，格雷厄姆派也没有赢得很多拥趸。

素食者不仅要与极端清教徒的形象作斗争，他们也经常被认为太激进、太天真，或者简单地说，古怪。他们被称为"半疯狂的""愁眉苦脸的""异教徒""食品怪人"。确实，他们其中一些人的想法很不寻常。在第一个嬉皮公社出现之前的一百多年里，阿莫斯·布朗森·奥尔科特（Amos Bronson Alcott）① 在新英格兰建立了一个素食公社，他将这个公社命名为"水果园"。奥尔科特确信，他是在为伊甸园的 2.0 版奠基，而马萨诸塞州的哈佛是他的应许之地。在果园里，每个人都穿着特制的外衣，食用公社种植的植物——顺便说一句，因为奥尔科特说肥料太脏了，所以没有施肥。事实证明，这种做法代价高昂，尤其是"水果园"里的居民缺乏农业技能。随着第一个冬天的到来，果园破产了：庄稼歉收了，居民们都没有东西吃。

但至少"水果园"存续了几个月。在堪萨斯州，一个叫作"八角城"的素食城市从来没有真正成功过。他们的计划是宏伟的：这个城市将会占地 41 万平方千米，拥有一个农业学院和科学研究所，并通过出口水果、全麦面粉和全麦饼干来养活自己。然而，在"八角城"开始出口东西之前，第一批定居者被蛇、亡命之徒、怀有敌意的印第安人以及蚊子……驱逐了。

这些走在时代前端的失败想法，如"水果园"和"八角城"，使得群众对素食运动望而却步。但命运给了素食主义的批评者一个有力的支持：一些素食运动的领导人过早死亡。首先，格雷厄姆去世的时候只有 57 岁；接着，威廉·奥尔科特 60 岁就去世了；紧随其后的是詹姆斯·辛普森（James Simpson），素食协会主席，享年 48 岁；以及安娜·金斯福德（Anna

---

① 《小妇人》（*Little Women*）的作者路易莎·梅·奥尔科特（Louisa May Alcott）的父亲。

Kingsford），著名的英国素食医师，享年 42 岁。尽管这些人的死亡与素食没有什么关系，而是由肺结核、先前不佳的医疗条件或工业烟雾中毒所致，但这些消息散布得很快。人们开始怀疑：或许素食生活没有那么健康。

战争带给人们的苦难足以消灭素食运动

接着是战争。尽管 19 世纪的素食运动受到一些负面报道的影响，但它仍然有着比较强大的影响力。毕竟，它确实说服了许多美国人和英国人把培根和香肠从早餐中去掉。但两次世界大战又将西方饮食结构坚定地推向了肉食。首先，当你看到周围有这么多痛苦的人类时，你就很难去关心动物了。正如一位小说家所写的："如今，没有人为马儿哭泣。"也没有人为鸡和猪哭泣。其次，如果你是美国士兵或英国士兵，你很难成为素食者。军队的口粮主要是肉，所以如果你想填饱肚子，就别无选择，只能把包括肉类在内的所有食物都吃光。当然，大多数人都很乐意这么做。对于那些在军队中不断壮大的穷人们来说，获得丰富的动物蛋白质的梦想在军队里成真了。他们终于可以，也是平生第一次，想吃多少肉就吃多少肉，那些长期以来象征着不可企及的力量和奢侈的肉，充满了脂肪和美拉德反应的味道的肉。

对于美国和欧洲的平民来说，肉在战争期间是如此罕见，以至于成为比以前更重要的一种地位的象征。社会心理学家会告诉你，这是稀缺原则的一个例子：一个东西如果越不容易得到，我们就会越重视它。1940 年的一项关于"美国人最渴望的食物是什么"的调查显示，排在第一位的是火腿和鸡蛋，排在第二位的是上等的排骨、鸡肉、龙虾和弗吉尼亚火腿。菜单上没有素食的影子。

与此同时，英国却发生了一些奇怪的事情：第二次世界大战期间，自愿成为素食者的数量实际上有所增加。难道是战争的艰辛使英国人将动物的苦难与人类的苦难联系在一起，并激励他们停止吃肉吗？不完全是这样，真相要无趣得多。在英国，如果你注册为素食者，便会得到更多的奶酪，这比微不足道且不易得的肉类配给更有吸引力。如果你想养活家人，你的选择是显而易见的。然而，战后猪肉和牛肉刚一重现时，所有这些"素食者"都很乐意把刀叉戳进肉里——可能比以前更甚，因为战后肉类的丰富成为和平与繁荣的象征。

战争期间肉类的稀缺，人类的苦难使得人们无暇顾及动物福利，而军队的肉食配给足以消灭素食运动。而且，希特勒是素食者这件事也损害了素食运动的名声。这位独裁者的一些传记提到了他对植物性饮食的坚持。他是个十足的疑心病患者：他误把胃痉挛当成癌症，因而担心自己。他认为素食应该有助于保持他宝贵的健康。但与此同时，希特勒在德意志帝国宣布素食主义是非法的，这一举动在很多人看来很奇怪。其实这一点也不奇怪，希特勒不仅想把自己和那些吃植物的怪人区分开来，他还不喜欢激进的反主流文化潮流，而素食运动是这些潮流的一部分。

随着岁月的流逝，战争中肉的稀缺已成为遥远的记忆，新的、更科学合理的研究开始显示出减少食用肉类的好处，因此西方素食者的数量在缓慢增加。尽管如此，就像 19 世纪的格雷厄姆派或公元前 5 世纪的毕达哥拉斯派一样，这些现代的食草动物被认为是敢于拒绝社会规范的异类。正如《雷格》① (Rags) 杂志在 1971 年报道的那样："对许多美国人来说，素食主义代表了第一代人对'妈妈和苹果派'主义的另一种古怪抗议。"但 20 世纪 60 年代和 70 年代有些不同：成为一个怪人不再是那么糟糕的事情了。娱乐媒体和电视时代，讲究身心健康的嬉皮士成为新闻，他们吸引了大家的注意，并成为一个明星群体。但进入 80 年代后，消费者把电视频道调到《达拉斯》(Dallas) 和《王朝》(Dynasty) 等节目上，这些节目展现了高端的生活方式，嬉皮士的价值观逐渐被物质主义所取代。无论是

---

① 音译，是一本介绍生活方式的杂志，现已停刊。

牛排还是百达翡丽手表，任何象征强大和力量的东西都是好的和可取的。

到目前为止，西方素食者还没有把人类从肉食中解放出来——嬉皮士没有，毕达哥拉斯学派没有，格雷厄姆派也没有。素食主义失败的原因在历史长河中反复出现：素食者们太激进了，他们太急于拒绝主流价值观；他们过度禁欲和追求纯净，不仅拒绝吃肉，还拒绝其他感官享受，如性、酒精、烟草；他们缺乏当权者的支持，错误地站到了较弱的政治势力一边，结果失败了。如果毕达哥拉斯不是生活在民主的希腊，而是在罗马，他会设法说服一个强大的皇帝追随他的素食主义；如果存在一个可以像在印度推广素食的阿育王一样在欧洲推广素食主义的皇帝，西方国家就能比现在更加偏爱素食。如果耶稣的兄弟雅各赢得了基督教会的领导权而不是使徒保罗，如果罗马人没有消灭加入大起义的库姆兰社区，也许素食主义在西方便会占据主流。在过去，宗教有能力使国家转向植物性饮食；但素食者不可能通过宣扬动物权利而获得胜利，因为人类承受了太多的苦难，无暇顾及动物的苦难。

但或许素食主义在欧洲依然不太可能成功，原因很简单——欧洲缺乏肉类替代品。欧洲不像印度，印度有大量的富含蛋白质的豆类、脂肪丰富的油菜籽和可以用来给蔬菜调味的香料。因此，欧洲穷人很难恪守素食主义——当你几乎没有东西吃的时候，你无法对烤鸭说不。与此同时，那些没有患上"空盘子综合征"的精英们，并不急于牺牲自己的烹饪乐趣——欧洲的植物烹饪令人乏味。对于那些视美食为一切的人来说，煮得过久的胡萝卜和蔫巴的绿色蔬菜没有什么吸引力。从毕达哥拉斯到格雷厄姆，素食者所倡导的味蕾牺牲可能是一个错误。或许，如果富人可以在不吃肉的同时吃到美食，那么更多的人就会支持无肉运动。但结果却是吃肉占了上风。人们长久以来认为肉类所具有的象征意义，源自它的稀缺性，再加上鲜美的味道和脂肪的口感，以及我们对蛋白质的渴求，这种象征意义比素食哲学家的观点更为突出。

你可能会认为，对于 21 世纪的素食者来说，说服别人遵循他们的路线要容易得多，但事实也未必如此。我们中的一些人很难放弃肉食并尝试新的饮食（比如植物性饮食），不仅是因为基因，也是因为基本的人类心理经常阻碍我们对素食主义的尝试——我们离不开肉类的诱惑。

第 ⑨ 章

为什么放弃吃肉对
部分人来说那么难

人们对素食者的刻板印象让吃素动力不足

波士顿市雷吉·刘易斯（Reggie Lewis）体育中心的空气中充满了肉的香气。"这里闻起来真香。"一个穿着及地碎花长裙，刚刚走进这个拥挤大厅的女人说。这里少说有几百人互相挤在一起，可以确定的是，里面在烹饪一些美食。当我们走近时，香味愈发明显，我能分辨出里面有刚出炉的香肠、煎培根、多汁的汉堡。然而，目之所及根本没有肉。

这个摩肩接踵的场面，正是波士顿一年一度的素食节。这里所有的东西都是植物做的，哪怕是鸡蛋和牛奶也被拒绝带入。当然，整个大厅里也挤满了素食者。然而，一个穿着嬉皮士式花衬衫，有着十分明显的素食者特征的女人，却是一个例外。只是通过打量出席这个素食节的人们，你很难下定论说所有人都是素食者。这些人有老有少，有胖有瘦，有的人穿着运动裤，有的人穿着肘部有补丁装饰的仿麂皮西装外套。

有研究显示，很多人认为素食者与社会上的大部分人不同。对一般的美国人而言，拒绝吃肉的人普遍是苍白的，是和平主义者，有一些疑心病，通常是开着外国品牌汽车的自由主义者。于是问题变成了：现代素食者是谁？他们是生来就吃素的吗？是不是他们的基因或者个性让他们可以比较轻松地放弃吃肉？你能通过扫描一个人的大脑得出他是否吃素的结论吗？他们为什么要吃那些素香肠、素汉堡和不含鱼肉的金枪鱼？他们是在欺骗自己，其实内心也在悄悄地渴望肉食吗？

美国喜剧演员戴维·布伦纳（David Brenner）曾经说过："素食者就是一种不吃任何会繁殖的生物的人。"要是真的这么简单就好了。关于素食者的定义，并没有一个所有人都赞同的明确概念，就连素食者们也有不同的素食需求。鱼素者不吃肉，但接受鱼肉。其他人不吃鱼，但认为吞食一盘贻贝完全没问题。让这种区分更加混乱的是：有些素食者不吃红肉，但会吃鸡肉和鱼；通常不吃肉但偶尔会吃的弹性素食者；VB6 型人——这种人在下午 6 点之前只接受纯素饮食，但在此之后可能会吃肉。与此同时，严格的素食者甚至不会接触蜂蜜，因为蜂蜜来自对蜜蜂的"剥削"。

这就是为什么很难统计真正的素食者人数的原因。最近的研究数据显示，3%~5% 的美国人认为自己是素食者；4%~8% 的加拿大人认为自己是素食者；3% 的澳大利亚人认为自己是素食者；2%~5% 的英国人认为自己是素食者；而大概是西方国家中对肉食最为痴迷的匈牙利，只有 0.3% 的人认为自己是素食者。统计数字的差异是因为那些弹性素食者有时会称呼自己为素食者，但有时又不承认自己是。这个答案很大程度上取决于调查问卷上的问题设计。大部分研究显示，素食者的人数都不是特别多。哈里斯互动服务局执行董事切·格林（Che Green）甚至宣称，素食者是"人口统计雷达上的一个亮点"。他说："从统计学的角度来看，我们超出了大多数研究调查的误差范围。"

然而，人们无可避免地感觉到，素食者的人数在增加。看起来，好像无论你走到哪里，都会有一个素食者名人：纳塔莉·波特曼（Natalie Portman）、安妮·海瑟薇（Anne Hathaway）、丽芙·泰勒（Liv Tyler）、帕梅拉·安德森（Pamela Anderson）、莫比（Morby）、艾拉妮斯·莫莉塞特（Alanis Morissette）、比尔·克林顿（Bill Clinton）、切尔西·克林顿（Chelsea Clinton）、达斯汀·霍夫曼（Dustin Hoffman）……名单仍在增加。在欧洲，世界第一大素食连锁超市在各个地方开着新店，同类型的店面也不断出现在北美地区。翻开报纸，打开电视，或者浏览社交媒体上的热搜话题，你很快就会发现越来越多的人成群结队放弃食肉的暗示与迹象。

人们成为素食者最普遍的理由是为了健康和动物权利。当然，也得承认，一些人拥有更复杂的动机。像《周六夜现场》的喜剧人 A. 惠特尼·布朗（A. Whitney Brown）有一次玩的梗一样："因为我爱动物，所以我不是素食者；因为我讨厌植物，所以我是素食者。"为了健康而放弃吃肉的素食者通常会慢慢地改变他们的饮食习惯，一步一步地减少食肉选择，从红肉，到家禽肉，再到鱼肉。而那些因为爱动物才放弃吃肉的素食者，通常是突然开始这么做的。他们可能是看到了屠宰场的暗访视频，或者目睹一只动物在眼前被杀死而突然决定停止吃肉——科学家称之为"皈依经验"。

心理学家称，将肉食从你的饮食习惯中移出，在你面临巨大人生变动，比如离婚或上大学的时候，要更加容易一些。放弃牛肉或者猪肉很大程度上与抗拒自我认知相关。分享食物可以巩固社会关系，会让人们觉得自己有所归属。比如，如果你是中国人，你却不吃米饭，那么你就抛弃了你的大部分民族背景。同理，感恩节火鸡之于美国人也是一样的。当你搬到一个新城市或者一个新国家时，不仅可以更容易地摆脱自己从前的地理定位，也可以更容易地摆脱那个食肉者的自我。更容易，但并不简单，因为关于素食者的刻板印象也会阻止很多人加入非食肉者行列。

当我在费城的费吉餐厅遇到凯特·雅各比（Kate Jacoby）时，她与她的厨师丈夫理查德·兰多（Richard Landau）一起经营这个素食天堂，她并没有把我定义为一个素食者。她穿着整洁的休闲裤和奶油色上衣，这身装扮与她的浅发色相得益彰，她握了握我的手，并让我在营业前的几个小时进入她空空如也的餐厅。她的餐厅也不符合传统素食者的风格——费吉餐厅有着明显的现代风格。一切都显得很高端，在任何地方都看不到嬉皮士式的风格存在。更令我失望的是，这里的空气中没有任何鲜美的气味，没有烧烤的味道，也没有酱汁的芳香。目前没有任何东西在费吉餐厅的厨房里被烹饪。唯一从厨房处涌向我的，是一种有节奏的、不紧不慢的噼啪声——无数剁蔬菜的声音。

雅各比在她的大部分成年生活中都是素食者。当我问她人们对于素食者的刻板印象时，她叹了口气说："素食者要追求完美。他们不能生病，因为一旦生病，人们就会嘲讽他，'这就是你的饮食造成的'。你的素食者标签永远也没办法摘下。"雅各比和她的丈夫煞费苦心地照顾着自己，使自己在无肉生活中显得容光焕发。"我们想有好看的头发和很好的气色，举个例子，"她补充道，"我看到许多动物权利保护人士会采取特别的措施以确保人们不会觉得他们是弱者，还有许多素食运动员努力向人们展示他们可以拥有发达的肌肉和健美的身材。"

最近出版的《无耻的食肉者：肉食爱好者宣言》（*The Shameless Carnivore：A Manifesto for Meat Lovers admits*）的作者承认，一些食肉者，包括他自己，称素食者为"大豆脑袋、蔬菜汉堡、敌人"。在过去，即使是科学家也不能完全否定"素食者本身存在某些问题"的观点。1940 年，长岛一家医院的首席精神科医生认为，素食者在私下是虐待狂，"对他们的同胞所遭受的苦难不怎么关心"。21 世纪的研究证明，这是不正确的，功能性核磁共振成像扫描显示，如果你给素食者和杂食者展示同样的关于人类苦难的图片，大脑中与共情有关的区域在素食者的大脑中会更活跃。

然而围绕着素食者的老套言论依然十分普遍，即使是在今天。在一个实验中，研究人员向志愿者（包括一位素食者、一位美食家、一位快餐主义者）展示了五种类型的饮食习惯，并要求他们描述那些人的性格——法国作家布里亚－萨瓦兰（Brillat-Savarin）曾说过一句名言："告诉我你吃了什么，我就能告诉你你是什么。"结果令人出乎意料。人们认为快餐主义者是宗教的、保守的，他们喜欢涤纶材质的衣服；美食家是自由和世故的；素食者则是开着外国车的和平主义者。而在其他研究中，食肉者对素食者的描述一般都是正面的，但也有人说他们虚弱，控制体重的意识强，并且对药物很有研究。另一个有关素食者的刻板印象则是：素食的男人都是性欲寡淡的瘦弱男人。心理学家发现，不仅是杂食者，就连素食者都认为素食男性少了一些男子汉气概。这种观点，当然源自我们文化中肉与血、权力和男子汉气概之间的紧密联系。30% 的杂食者说他们不会和素食者约会，有些女性认为素食者缺乏男子汉气概可能就是原因之一。但是不吃肉的人也通常对食肉者没什么兴趣。2007 年，一个新词成为英语国家的头条："素食取向者"。新西兰的一项研究表明，纯素食的女性不喜欢食肉的伴侣而喜欢纯素食的伴侣。素食取向是用来定义那些只喜欢和其他纯素食者发生性关系的纯素食者。当素食取向者这个群体出现时，更多的刻板印象被附加到他们身上。在网络论坛上，这些素食取向者被称为"痛苦的快乐否认者"和"臭名昭著的糟糕性伙伴"。这类攻击可能源自素食者拒绝接受文化规范，即将吃肉与男子汉气概以及性联系起来。

知识失调触发的一系列心理机制会让食肉者加倍食用肉类

一些素食取向者声称纯素食者真的与众不同——他们甚至连身上的气味也不同。从一个在欧洲做过的实验来看，这的确有些真实依据可言：女性样本认为，男性食肉者身上的气味比他们素食两周后的气味更令人不适。而更好地分辨素食者的方法是观察他们的头发——不是看发型或者发色，而是看头发的化学构成。如果你送几缕头发到实验室去，就可以根据头发中所含的是植物的 ^{13}C 蛋白质还是肉的 ^{15}N 蛋白质来确认其主人的饮食习惯。如果你真的想分辨一个人是食肉者还是素食者，同样可以通过扫描他们的大脑来区分。通过在一个人的头皮上放置电极来监测大脑中的脑活动，然后向那个人展示肉的图片，科学家就可以看到素食者和食肉者之间的反应——比起食肉者的大脑，肉更能刺激素食者的大脑。

这是否意味着素食者与食肉者有本质上的不同——生来就不同？或者，一旦他们停止吃肉，他们就会变得不一样？从某种程度上说，这两种说法似乎都是正确的。虽然人的体味和头发的组成都会在转向素食饮食后发生改变，但可能有一些人天生就拥有特质，他们可以更容易地放弃牛排和培根；而另一些人则是由于拥有不同的基因，强化了他们对肉类的渴望。例如，英国一项对双胞胎进行的研究表明，78% 的人认为我们对肉和鱼的喜爱是会遗传的。这意味着，如果你的父母不喜欢牛肉和猪肉，那么你也可能对它们产生反感。另一项来自巴西的研究则表明，与食欲不振和暴饮暴食相关的血清素受体基因 5-HT，也与某些人喜欢吃牛肉的程度有关，事实上，这种影响很小。

然而，还有一种遗传特性，可能会让人转向全新的饮食习惯。为了生存，杂食动物，比如人类、老鼠和蟑螂，依赖于两种将其拉向相反方向的机制：一种是食物嗜新症——尝试新事物的诱惑，因为它们有可能美味又富含营养；另一种是食物恐新症——担心新事物会杀死自己的恐惧，有些人比起其他人更害怕新事物。上文提到的双胞胎研究表明，我们对新奇食物的恐惧程度有大约 2/3 取决于我们从父母那里继承的东西。恐新者通常指那些不喜欢去新餐馆就餐、不喜欢有特色的民族美食以及不喜欢任何他们不容易识别的东西的人。他们可能也更讨厌蔬菜和水果，如果他们不是从小就习惯吃素食汉堡的话可能就不那么热衷于尝试了。那些成为素食者的恐新症人群往往会吃更多的垃圾食品，或选择有更多限制的饮食计划：他们放弃了吃肉，却找不到新的食物来代替。于是从吃"肉和土豆"的人，变成了"只吃土豆"的人。

这一研究再加上另外两种与生俱来的特质研究，可以表明哪些人更倾向于转向植物性饮食。第一个是"开放性"，这是五大人格 ① 特征之一。开放程度高的人通常更喜欢新想法，对新知识充满好奇，倾向于非传统的价值观。他们也不太可能是虔诚的食肉者，相反，他们会食用更多的蔬菜和谷物。第二个则是智商（IQ）。研究表明，一个人 10 岁时的智商预示着他日后成为素食者的可能性：一个人的智商越高，长大后成为食肉爱好者的可能性就越小。

然而，素食者和食肉者在性格特征上的这些明显差异，并不能真正解

---

① 其他的是外向性、宜人性、责任心、情绪稳定性。

释为什么这两个食物阵营的成员经常在就餐时剑拔弩张、针锋相对，但是科学家却知道这是怎么回事。

伊芙琳·金伯（Evelyn Kimber），波士顿素食者协会主席，不太像雅各比，但仍然与任何嬉皮士式的刻板印象大相径庭。她简单的女式衬衫和脖子上的珐琅水果形状项链，让我想起了自制的饼干和周日举行的社区集市。和雅各比一样，金伯认为，向世界展示素食者的面貌对于素食运动来说非常重要，如果我们还想鼓励其他人减少肉类消费的话。这种面貌，对入门者来说，应该是平和的、非对抗的。这就是为什么在美食节中，她常是组织者——没有任何一个供应商被允许展示任何看起来对食肉者有敌意的口号。"我们想要食肉者也有受欢迎的感觉，并且我们传递的信息是积极的。"她告诉我。金伯自己也尝试尽量不做任何令人们反感的事。意思是，如果你用"我不吃肉"代替"我是素食者"，那么这个标语看起来对于杂食者来说就会更有攻击性。毕竟，关于素食者身份认证的问题，很容易把一场美好的晚餐谈话变成一场激烈的争论。

想象这个场景：在一个餐厅中，桌子摆设精致，有烛光、亚麻桌布和一个满是鲜花的花瓶，当然还有很多食物——一盘鲜脆的沙拉、烤得焦嫩的肉、鲜美的酱汁……5个人就座：一个忠实的食肉者、一个普通的食肉者、一个健康素食者（为了健康而食素的人）、一个道德素食者和一个纯素食者。

忠实的食肉者伸手去拿一盘鸡肉递给纯素食者，纯素食者拒绝。然后很快地，所有人都开始热烈地讨论吃肉的利与弊，声音提高一个八度，再加上手势。然而，有人可能会问，坐在餐桌上的这些人，哪两个人是最不和的？是忠实的食肉者和纯素食者吗？这并不一定。可能性更大的是，那些不太热衷于动物蛋白质的普通食肉者会转而反对纯素食者和道德素食者。为什么？最近的一项研究表明，当人们对自己的饮食选择不那么自信时，他们就会倾向于更加激烈地争论。

如果你批评人们的个性，而不是他们的行为，你就会变得更加直言不讳，就像"你很愚蠢"和"你的行为很愚蠢"一样。这就是为什么健康素食者通常对他们的饮食不那么敏感。因为纯素食者和道德素食者（套用艾萨克·巴什维斯·辛格的概念：那些为了鸡的健康而不是为了自己的健康而吃素的人）不吃肉的行为比起烹饪偏好来说，更多的是一种对于生活方式的选择偏好，他们也更可能被食肉者的指控所威胁。这也是为什么在这个5人餐桌上还会发生另外一个令人惊讶的故事——道德素食者可能会攻击健康素食者。根据调查，道德素食者认为健康素食者是自私的人。食肉者的存在也会使纯素食者和健康素食者之间更容易发生冲突。在实验中，把杂食者放在纯素食者和健康素食者中会凸显饮食习惯的道德问题，纯素食者开始指责那些不吃肉却喝牛奶的人是伪君子。结果是一场恶战。

在面向素食者的入门书籍中，通常会有专门的页面来回答食肉者的问题：你为什么穿皮革制成的鞋子？你用什么食物喂养你的宠物？难道你吃蔬菜之前不需要杀死它们吗？然而，几乎没有人会去试图弄清楚一个食肉者为什么会开始问这些问题，或者为什么素食者的观点没能让杂食者放弃吃肉。牛肉或者猪肉到底有什么奇特之处，能够将一场晚餐谈话变成一场争论？为什么告诉人们你不吃胡萝卜，就不会引起类似的争论呢？

我在波士顿举办的素食美食节贴满小广告的摊位上见到作家克里斯汀·拉热内斯（Christin Lajeunesse）时，她已经辞掉了办公室的工作，准备横穿美国，筹写有关素食食物的书籍。她相信，当你告诉一个肉类爱好者你不吃动物肉的时候，你经常听到的是："哦，你一定认为我是个坏人，因为我喜欢吃肉。"拉热内斯在筹划着什么事。研究表明，仅仅与植物性饮食者（而不是其他的饮食习惯者）接触就会让杂食者感到紧张，导致他们认知失调，并触发一系列心理机制，最终让食肉者加倍食用肉类。

当我们的信念和行为不一致时，我们就会出现认知失调。我们假设，你认为驾驶SUV会对地球有害，但你真的很想要一辆悍马——你只是喜欢它的外观和驾驶体验——然后你就买了它。再然后，每当你坐上那辆车，心里想着"这会污染环境"的时候，那种罪恶感，就是认知失调。你很想摆脱它，你可以改变你的行为（卖掉这辆悍马）或者改变你的信念（这很困难，也不讨喜），一种最广为流行的做法就是合理化你的行为。你可以告诉自己，你已经没有别的选择了，悍马是比较安全的；或者告诉你自己，无论你做什么，你都不会对气候带来影响。

那些认为杀死动物完全没问题的人可能不会对吃肉这件事产生认知失调；但是那些杂食者，他们会希望自己盘子里的牛肉或猪肉是 100% 没有被虐待过的（这几乎不可能，除非他们吃的肉来自实验室的人工培育）。为了避免不愉快的感觉，继续维持他们的饮食方式，他们需要应用心理学家所说的"消音策略"。一个常见的策略是"诋毁受害者"，即说服自己，动物并不是很聪明，它们感觉不到疼痛。就像一位养猪场管理会的记者曾建议的那样："别把猪当成动物，把它们当成工厂里的一台机器吧。"

为了更多地了解能让我们心安理得地吃肉的心理机制，我给澳大利亚新南威尔士大学的研究员布罗克·巴斯蒂安（Brock Bastian）打了电话。巴斯蒂安成长于素食者家庭，但他在成年后就放弃了素食习惯，并开始吃肉。有些事情看起来并不正确，他不断地为自己所选择的饮食方式而感到愧疚。这就是为什么他开始研究是什么让人，包括他自己，对于把动物变成食物感到如此不自在。

多年来，巴斯蒂安进行了一系列的研究，这些研究表明，吃肉会让人们倾向于认为动物是一种缺乏情感的愚蠢动物。在他的一项实验中，巴斯蒂安要求研究对象评估绵羊或奶牛拥有某种心智的程度，比如渴望、愿望和思考。片刻后，他告诉志愿者们，他们现在将参与另一项无关消费者行为的研究（这并非事实，因为这些研究其实与消费者行为关系密切）。一些志愿者面前放着一盘青苹果，他们被要求写一篇关于苹果的文章；另一组人则要面对一盘加入了迷迭香和大蒜的烤牛肉或烤羊肉，写关于肉的内容。当他们写完之后，实验人员告诉他们，他要去拿一些餐具，这样他们就可以吃了，并且要求他们在等待的时候填写另一份关于牛和羊的问卷。他们得再一次评估动物的心理能力。研究结果证实了巴斯蒂安一直以来的猜测，当人们知道自己要吃肉，他们对牛的智力的理解与几分钟前所表达的看法发生了一些变化。在第二次调查中，比起第一次，他们认为这些动物并没有那么聪明，也没那么善于思考。更重要的是，这种对动物的轻视让食肉者感觉舒服多了。巴斯蒂安告诉我："想到一头牛正在受苦，正在死去，是因为我们要吃它的肉，这会让我们感到不适。"因此，我们说服自己，牛是愚蠢的，它们感受不到太多的痛苦，也不会遭罪。这样可以帮助我们逃脱认知失调，然后全心全意享受我们盘子中的烤肉和牛排。

吃肉不仅会把一个物种归类于"食物"，也会让人们失去对动物的道德关怀。为了验证这个想法，巴斯蒂安进行了另外一个实验。这一次，他让志愿者们阅读了两篇略有不同的、关于生活在巴布亚新几内亚茂密热带雨林中的贝内特树袋鼠的文章。一部分志愿者了解到，树袋鼠常被当地部落的人猎杀作为食物；另一部分志愿者了解到，这些动物从未被猎杀，也从未被食用过。随后，巴斯蒂安询问志愿者们，如果这些树袋鼠受到了伤害，它们会感受到多大的痛苦。那些读过描写树袋鼠作为食物的文章的志愿者们普遍认为这个物种不太可能会经历很多痛苦——这是一种典型的消音策略。

男人的消音策略倾向于诋毁动物；而女人则倾向于完全不去想动物，并把活生生的动物与盘子里的食物区分开来，科学家称这种方法为"分离"。帮助他们继续吃肉的是我们的语言，毕竟，如果我们给死牛贴上"牛肉"的标签，给死猪贴上"猪肉"的标签，我们更容易忘记它们是动物。18世纪的日本人甚至更进一步，他们将马肉命名为"樱桃"，将鹿肉命名为"枫叶"，野猪肉则被命名为"牡丹"。用不太诗意的语言来说，现代肉类产业仍然倾向于把牛和猪称呼为"消耗粮食的动物单位"。如果我们把肉按照萧伯纳（George Bernard Shaw）的说法叫成"烧焦的动物尸体"，我们会愿意继续吃肉吗？很可能不会。同时，我们对胡萝卜或者卷心菜却没有给予特殊名称——不管是生的还是熟的，胡萝卜一直被称为胡萝卜。很有可能是因为，我们并不认为剥夺胡萝卜的生命是道德问题，所以我们不需要隐藏食物的来源。

如果为了吃肉而屠杀的动物数量十分庞大，那么我们对食用它们的感觉会更好。实验表明,当受害者的数量越多——比如在事故或者自然灾害中,人们就越不愿意去关心受害者。也就是说两个人的死亡比一个人的死亡更少了一些关注。全球每年有 580 亿只鸡被宰杀,这似乎只是一个统计数字。

再回到我们激烈的晚餐讨论中。研究表明,杂食者面对素食者已经够痛苦了,甚至只要想想他们,杂食者们与食肉相关的认知失调就会开始发作。这是一种不愉快的感觉,所以为了摆脱它,他们会将注意力转移到素食者身上。通过让素食者显得不协调并且道德上有问题(比如他们可能会穿皮鞋),食肉者可以使自己的内心平静下来。

让白热化的气氛稍微冷静下来的一件事是,有的素食者会说,他们不仅想偷偷吃肉,而且还会在床底下藏一些牛肉干,趁没人在的时候大嚼特嚼,因为这样会降低他们的愧疚感,这种吃肉的素食者并不罕见。在加拿大的一项研究调查中,令人难以置信的数据显示,有 61% 的素食者承认自己食用过家禽,20% 的素食者承认自己偶尔会吃红肉;而在美国的另一项调查中,60% 自称是素食者的人在刚刚过去的 24 小时内吃过肉——这意味着在美国,纯素食者的数量比例可能低于 0.3%。

由于存在着促使食肉者与后天素食者争论的那种力量,这些后天的素食者可能会误导他们自己和其他人。首先,他们通过声称自己是素食者来减少自己的认知失调。这种特殊的技巧包括说服自己,相信自己确实在避免吃肉,因为这让他们认为自己确实改变了自己的行为以符合其无害的价值观。其次,尽管他们的初衷是好的,但对于肉的渴望可能太强烈了,实在难以抗拒,这对素食者来说是一个不争的事实。当人们为了道德原因选择吃素的时候,他们通常会开始对肉感到恶心,因为恶心是我们对于违背道德的心理反应。

不擅长烹饪素食佳肴可能让素食者重新吃肉

道德素食者中的一些人也可能会被肉所诱惑,就拿雅各比有名的主厨丈夫理查德·兰多来说吧。我在费吉小得出奇的厨房里见到他时，一些年轻的厨师正忙着剥甘蓝，空气中充满了蔬菜的清香。就像他的妻子一样，他也反对那些认为素食者大都弱不禁风的刻板印象。他讲话语速极快，动作也很快，几乎占据了他面前的所有空间。当我问他与肉有关的问题时，他承认："我一直很想念。"然后他又补充道："是对肉的渴望让我变得更有行动力，也更有创造力。"兰多试图用蔬菜制造出肉的口感，他称呼那为"吸引着我们的篝火"。而制作这种菜的方法就是烟熏。他尝试用山核桃木熏制，但山核桃木有些"太单调"，于是他转而开始使用豆科灌木和苹果片。他同样还会使用腌泡汁。他目前研制的最贴近牛排口感的方法是，将素肉在迷迭香、香醋和胡椒的混合物中浸泡后进行烤制。"当你烹饪它时，迷迭香的香味会散发出来，香醋焦结在素肉表面，这的确能带来肉的口感。"他说。

即使兰多一直渴望动物蛋白质，但心理因素始终占据上风。如果吃肉真的会让你感到恶心，那么无论吃肉有多么大的诱惑，戒荤都会更加简单，就像道德素食者通常做的那样。包括兰多在内的道德素食者们，通常在用所谓的素肉来填满自己的购物车和盘子，比如豆腐火鸡、素肉丸和素汉堡。这是否又证明了，即使是最严格的素食者，也无法摆脱肉的味道呢？答案是对的，也是不对的。对的原因是，肉中所有的混合鲜味、脂肪和口感的确有吸引人的地方，这就是素食生产商努力研发，并想要复制出来的东西。而不对的原因是，其实很大一部分人坚持吃肉，是因为习惯使然。

习惯是一个强大的东西。我们的一天中大概有 45% 的事情都是习惯使然——一种在同一个地点以同一种方式不断重复的行为。如果我们要为自己每天的行为做清醒的决定，我们的前额皮层会在压力之下发出刺耳的声响。这就是我们为什么喜欢习惯，因为习惯对于我们的大脑和神经来说更简单。对食物的习惯同理，或者我们可以按照心理学家的说法叫它"进食剧本"。如果我们看到一个烧烤架，我们会想到汉堡。如果我们在一场篮球比赛里，我们会想到热狗。当我们在周日的早晨打开报纸或者手机上的新闻应用程序时，我们会想到煎培根。我们喜欢我们的习惯，我们也喜欢那些我们已经熟知的食物。在很多实验中，相比于某种新食物，人们更倾向于去品尝和闻那些他们所熟悉的食物。更重要的是，我们的饮食习惯是长期以来我们在适应周围环境的过程中形成的，甚至受电视上那些"普通"家庭吃着烤肉、汉堡和培根的场景所影响，我们只是以他们为准。

当我和伊芙琳·金伯漫步在波士顿素食美食节的肉味区时，她告诉我，其实杂食者才是所有这些人造肉和素食汉堡的主要受众——这些产品可以帮助他们戒掉真正的肉食。"很多人会很好奇，如果我不吃肉，那我该吃什么？"她说。用蔬菜馅饼代替牛肉馅饼，显然比自己用新鲜蔬菜做烧烤要容易得多。更何况，在西方文化中，我们习惯于固定的菜式组合。基本上，应该有肉，还有一种淀粉和两种蔬菜。拿掉了肉，剩下的就不够了。我们应该烹饪什么来作为替代品呢？木豆，还是一锅蔬菜？更简单的做法是，用不含肉的"肉丸"替代原本的肉丸。一旦你开始食用素食牛肉或者鸡肉，就会成为一种习惯。所以你越买越多，无论你是在渴望肉的味道，还是根本不渴望。

缺乏烹饪能力同样也是素食者重新开始吃肉的主要原因，他们被媒体称为"再生食肉者"。在调查中，他们形容植物性食物的烹饪手法"不方便""太麻烦了"。主厨理查德·兰多表示同意，"要切的东西太多了。"他笑着说，又补充道，"而且，吃蔬菜有特定的熟度。比如芜菁这种的东西——如果烹饪得不够充分，它就会变得黏稠而苦涩；但如果煮得太久，它又会变成糊状。"这是否意味着如果你想满足你戒荤之后的味蕾，你就得成为一个专业的主厨？当然不是。但它的确需要一些学习和耐心。兰多说："对待蔬菜，你得给予和肉食同样的注意力。真正地观察它们的烹饪过程，这样菜品才会变得完美。"

素食者重新变回食肉者的另一个主要原因是缺少社交支持。有一个年轻女人，是典型的前素食者，她刚刚和吃肉的男朋友同居了。做两顿不同的饭不仅相当耗费精力，而且让她感觉在饮食选择上十分孤独。做一个奇怪的人总是困难的，这个奇怪的人总是得不停地解释、争辩，以及说服别人。归属感——感觉自己像其他人一样并能够与他人分享食物——是持续吃肉的强大动力，也是戒荤过程中难以克服的障碍。

所以，很显然；一些人在某些情境下，相较其他人更容易放弃肉食。如果你的父母对动物蛋白质不那么热衷，你也没有恐新症，你的身体里也没有携带血清素受体基因的 TT 等位基因；如果你是开明的、乐于体验和非独裁主义者；如果你是单身，或者你的另一半是素食者；如果你发现你自己正处于人生的一大变动时期（搬去新城市、离婚等），那么你就有更大的概率可以成功戒荤。同样，加入道德底线可以让戒荤的过程变得更加容易。

尽管有迹象表明基因在我们的饮食选择中起着一定的作用，但科学家们认为，基于饮食差异上的 DNA 差别并不大。起决定性作用的是你成长之地的文化。戒荤的困难之处在于改变习惯，在于我们缺少烹饪素食佳肴的能力，以及对素食者的陈旧观念会让我们望而却步——谁也不想成为"大豆脑袋"的一分子。更多的是因为我们拥有的消音策略时刻帮助我们继续吃肉：我们可能会将动物想象成愚蠢的生物，它们感觉不到任何痛苦；我们可能会通过语言抹去活生生的动物与盘中餐的联系。但讽刺的是，我们越是怀疑吃肉是否正确，我们对周围素食者的反应就越强烈。我们甚至可能让他们感到很不舒服——被社会排斥，被烦扰，感到厌倦——以至于他们最终放弃了，又把叉子叉进一块牛肉或猪肉里，或者任何他们的文化驱使他们消费的肉类，即使那肉可能来自狗。

第 10 章

椰奶狗肉串①、牛肉汉堡和其他奇怪的肉食

① 椰奶狗肉串是印度尼西亚的传统菜式。先把狗肉切成块，将椰奶、少许酱油、大蒜和洋葱混在一起捣碎，再将香菜、孜然、盐和胡椒混合在一起进行腌制，最后将狗肉块串烧，炭烤，并配上腌辣椒酱。

肉食禁忌会随着地域、文化、时间的改变而改变

伊图里森林是一片从肥沃土壤中冒出的绿色,位于刚果共和国的东边。这是一片广袤的土地,大部分都没被开发。除神秘的形如斑马的貘㺢狓生活在这里外,此地还有许多珍稀动物。1981 年,在伊图里森林里,坚持认为烹饪使我们成为人类的哈佛大学人类学家理查德·郎汉姆在食肉禁忌中学到了一课。

在 1981 年,伊图里森林对西方科学家来说并不是一个容易生存的地方。朗汉姆和他的灵长类动物学家妻子伊丽莎白·罗斯(Elizabeth Ross)以及他们的两个同事,几个月来只吃豆类和大米。所以当一个希腊猎人路过他们的营地并给了他们两只自己打的蕉鹃时,几位科学家欣然接受了这个食用他们所渴望的动物肉的机会。但是他们居住地的瓦莱斯人不同意,曾警告过他们不要吃蕉鹃肉——这很危险,也是禁忌。对西方人来说,蕉鹃肉只是食物,就像鸡肉或者火鸡肉,对他们渴望肉食的味蕾来说,蕉鹃肉十分美味。但是,第二天,两个男人开始腹泻。"我们真的很痛苦。"朗汉姆回忆道。当瓦莱斯人将病症归责于他们打破了禁忌时,朗汉姆指出,并不是所有吃了蕉鹃肉的人都生了病。毕竟,所有的女人都没有事。"对,那是当然的。"瓦莱斯人回答,"这个禁忌只对男人生效。"

至少据我们所知,蕉鹃肉里没有任何东西可以真正地伤害到男性。此外,其他的东非部落对鸡肉也有相似的禁忌。然而,无论朗汉姆多少次试图说

服瓦莱斯人，食用蕉鹃肉对成年男性无害，他们就是不听。食肉禁忌便是如此，对那些实践的人来说显而易见，但对于其他文化的人来说，它们显得十分不合理。

非洲同样也是我在不同的肉类文化中，接受到的第一个令我不安的教训。虽然朗汉姆和他的同事是打破禁忌的人，但我却处于禁忌的另一边。就像瓦莱斯人一样，我能明白当一个人关于肉的信仰被挑战时，那种压力倍增的心情。

12 年前在喀麦隆的利姆，一个闷热的夜晚，大量的雾气从喀麦隆的火山口处沿着巨大山脉滚滚而来，似乎加重了周围所有的气味：丛林的潮湿，道路上的尘土飞扬，以及日暮时烤架上飘出来的浓烟。我很饿——本地人出售的烤肉串看起来十分美味（那时候我还是个狂热的食肉者）。我靠近其中一个烤架，然后询问摊主有什么卖的。"鸡肉，"他说，"还有牛肉和一些大豆。"我惊讶地挑了挑眉："大豆？在这里？在这个喀麦隆人的小镇上？"我十分好奇，所以点了一串。但在我咬下的瞬间就知道了，这不是我所知道的那种大豆。它竟然有骨头，这是一种肉。我让摊主给我一个解释，他却不懂问题出在哪儿。原来，在本地的语言中，"大豆"意味着烤肉。如果这些烤肉不是鸡肉、羊肉或者牛肉，那么它只剩下一种可能：老鼠肉。我竟然吃了一串烤老鼠肉！那上面洒了酱汁和香料，但我仍然觉得恶心。如果事先知情，我绝不会允许这东西碰到我的嘴唇。

如果你像我一样（像大多数西方人一样），不吃老鼠肉、马肉、狗肉，或者什么埃及果蝠，但你可能会吃牛排——来自牛，或者培根——来自猪，那么你偶尔也不会介意吃掉一只蕉鹃。但是世界上的确会有人觉得我们所习惯的这些饮食选择很奇怪，甚至令人反胃。比如禁止吃牛肉的印度人，以及禁止吃猪肉的犹太人或穆斯林。对于一些索马里部落的人来说，吃鱼是很可恶的；而肯尼亚山的丘卡人则从不吃鸡肉，因为他们认为如果吃了鸡肉，就会像欧洲人一样变得秃顶，皮肤会变得粉红。在亚洲，每年有1 300万~1 600 万只狗被烹饪食用，83% 的韩国人认为狗属于肉食。

关于肉类禁忌的一切都容易激起强烈的情感冲突。比如说，你让一个吃狗肉的韩国人和一个爱狗如命的美国人同坐在一张餐桌上，然后让他们讨论食物偏好，那么这场对话的白热化程度很可能类似纯素食者和食肉者间的争论。问题的核心显然不是"我们为什么吃肉"，而是"为什么我们会食用某种肉"的同时，抗拒或讨厌其他的肉。为什么美国人吃牛肉，韩国人吃狗肉，哈萨克斯坦人吃马肉，而在其他国家，同样的肉却会被人拒绝食用，甚至成为禁忌呢？

我在喀麦隆发现的和理查德·朗汉姆在伊图里森林中发现的一样，关于哪些动物可以被制作成烤肉，哪些动物不能进入我们的胃，答案远不是固定的，或者普遍的。真正普遍的是，几乎所有文化都有食物禁忌，并且没有哪一种食物会像肉这样被禁令广泛影响和限制。而这一点，正好就是肉食对人类非常重要的有力证据。

可是，食肉禁忌会随着时间发生改变。马肉的故事就是一个完美的例子和证据，证明我们可以为某一种肉痴迷，也可以从这种痴迷中醒过来。2013年初，一些欧洲人发现在他们的超市中售卖的牛肉产品其实是用马肉做的，很多人都觉得这太恶心了。来自爱尔兰人的抗议声最大。爱尔兰共和国食品安全局的首席执行官艾伦·赖利（Alan Reilly）教授宣称："在爱尔兰，我们的文化就是不吃马肉。"但是，他们也并不是一直都是这样的——铁器时代的爱尔兰人，对于将一头成年种马分杀烤制可是一点问题都没有。在爱尔兰中部，郁郁葱葱的山丘下面，那个时代的爱尔兰人为考古学家们留下了关于他们饮食习惯的丰富证据——数不清的马骨，证明了他们曾将马宰杀、烹煮过。

当然，不仅仅只有爱尔兰人在时间的冲刷下改变了对吃马肉的看法。在史前时代，欧洲大部分地区的人们都在快乐地烹饪着马肉——然后基督教教会结束了这一切。根据《圣经》所说，"食马"也就是吃马肉的科学说法，这种行为是被严令禁止的："不可食用马肉，也不可触碰马的尸体。"（《利未记》）更糟糕的是，一些异教徒会将马献祭给他们的神明，比如英格兰的盎格鲁人，斯拉夫人以及日耳曼的条顿人。当基督徒想要让这些人改信基督教时，他们决定必须取消马祭和马肉宴。有些异教徒开始反抗，尤其是冰岛人对于马肉十分狂热，以至于这个问题成为冰岛人走上基督教道路的一大阻碍。最终，教会非但没有失去冰岛人，反而给予他们豁免权。他们仍然热衷于吃马肉，尤其是马肉奶酪火锅。冰岛人认为，火锅赋予了这道菜一种令人向往的强烈口感。

欧洲的其他地区则轻易地放弃了吃马肉的习惯，即使面对的是长时间的围困和饥饿，人们宁愿以他们自己的皮制品或草为食，都不愿意吃马肉。那些在物资丰沛时期尝试打破禁忌的人们，往往会受到严厉的惩罚。9 世纪，爱尔兰的忏悔者手册中规定，吃马肉的人忏悔的时间最长可达三年半，这个时间比那个时代的女同性恋者的量刑时间更长。显而易见，过去的马肉盛宴已经被人们遗忘，转而被定为天主教的罪行之一。

然而，在许多现代欧洲国家，比如法国、德国和意大利，人们对于吃马肉却没什么愧疚。态度的转变形成于 19 世纪。在工业革命后，欧洲的人口翻倍增长，肉制品的价格也开始疯长。当人们即将开始挨饿时，成千上万的马却因拉车、给工厂供电和从矿井里运煤而过劳死。它们的尸体将被制成胶水、皮革和宠物食品。于是，在整个欧洲大陆，包括英国和法国，上流精英们想出了一个解决办法：让我们来说服人们吃马肉吧。

吃马肉的理由有很多，它便宜、美味、营养均衡。而不吃马肉，按照这样推理，则成为一种可怕的浪费行为。毕竟，杀死这些老马比把它们累死在驱赶它们的路上要更人道些。医学杂志上，医生建议用生马肉和马血来治疗肺结核。由于马的体内铁含量相对较高，人们认为马肉对劳动者、贫血者和需要疗养者的身体有特殊的帮助。论证这个观点的文章、书籍越来越多。最后，法国的食马主义者成功地说服了他们的同胞，开始食用马肉。但英国却失败了。失败的原因是什么呢？对此，历史学家的说法是，有几个不同的因素导致了英国人对马肉敬而远之：首先，他们缺乏英国屠夫和餐馆老板的支持；其次，他们在国际牛肉市场里更有地位，这减少了他们对马肉的需求，并且不像法国那样有科学精英们的支持，他们也没有联合起来领导相似程度的食马运动。

1868 年，伦敦朗廷酒店举办了一场豪华宴会，目的是说服英国的知识分子食用马肉，这场宴会以惨败告终。会场被装扮得富丽堂皇，这是一座真正奢华的酒店，当时的人说："全欧洲甚至美洲都没有比这里更好的地方了。"在酒店最精致的餐厅，曼格厅豪华的拱形天花板下，设置了一张可坐下 150 名客人的长桌。侍应生谨小慎微地为客人们满上喝之不尽的香槟。菜单上有 10 道菜，开胃菜是一道舍瓦尔清汤——马肉汤，加上煮沸的干花。当那些记者、作家和科学家等贵客们入座后，活动的组织者阿尔杰农·西德尼·比克内尔（Algernon Sidney Bicknell）起立，并开始演讲。他谈到了原本完美的可以用来养活大众的肉被不合理地浪费之事。他声称，每年有 75 000 匹马死于伦敦，不如让我们杀了这些马，再卖给穷人。听众们鼓掌后开始进餐。用餐者中有一位名叫弗朗克·巴克兰（Franke Buckland）的外科医生，他训练有素，行为却十分古怪。巴克兰因其独特的食物品味而闻名于整个英格兰，他自称为"食用动物学家"，他几乎吃遍了整个动物界。他吃过日本海参、象鼻、鼹鼠、老鼠、豹子……任何你能想象得到的食物，只要是会动的，并含有蛋白质的生物，他就会将之烹饪并食用。在这些聚集在朗廷酒店的人群之中，巴克兰对马肉的判断是相当重要的，组织者对他抱有极高的期望。早些时候，在巴黎举办的类似的"河马肉宴会"就获得了巨大的成功。不幸的是，在伦敦却并非如此——巴克兰并未被取悦。在朗廷酒店晚宴的几天后，他的评论是："肉很恶心。我承认我隐瞒了备受折磨的事实。"

很快，朗廷酒店晚宴成了众人取笑的对象。1879 年，《英国医学杂志》建议放弃马肉，"直到英国厨师能够提高掩盖未加工食材的味道的能力"。在短短几年内，英国失败的马肉革命演变成了一种对法国文化的改革运动。他们的理由是，法国人吃马肉是因为他们的饮食品味反复无常且不雅。相比之下，英国人则觉得自己品味优越。如今，不光很难在英国找到马肉，就连美国人和加拿大人也产生了反对法国人和反对马肉的情绪。就像某位历史学家曾说的那样，"不吃马肉成为英美膳食自我觉醒的标志"。

美国人对于马肉的敏感程度和英国人差不多。虽然在第二次世界大战期间，马肉曾在美国短暂地销售过一阵子，但现在已经基本无处可寻了。这并不值得惊讶，毕竟，很多美国人都是爱尔兰人的后裔。爱尔兰人接受的是"马肉令人恶心"的天主教会的教育，而那些英国人的后裔，显然有着"不称职"的厨师，这让马肉的禁令更加根深蒂固。

与此同时，全世界范围内，也有数以百万计的人们不觉得吃马肉是一件恶心的事。尤其在中国，人们一年要烹饪近 50 万吨马肉。其次是墨西哥，然后是意大利。而中亚地区，那些有游牧传统的国家的居民则认为马肉是最能彰显声望的肉类。哈萨克人认为，马肉不像牛肉那样会快速腐烂，也不会让你胃疼，而且它还是断奶期婴儿的完美食物。

看起来，无论你觉得吃马肉恶心与否，你的出生地和成长年代比起肉的质量本身，更能决定你的选择。狗肉的情况与此十分相像。

你只会吃掉你认为是食物的东西而不是宠物

印度尼西亚中部的苏拉威西岛，俯瞰时好像一个扎着马尾辫的胖姑娘。在这个岛上，吃狗肉是稀松平常的事。无论是黑狗、白狗，烤或者别的烹饪方法，吃狗肉在这里已有数百年历史了。然而，来自洛杉矶加州大学的人类学教授丹尼尔·费斯勒（Daniel Fessler）虽然主导研究了印度尼西亚的食肉禁忌，但却完全吃不下当地的狗肉大餐。费斯勒是一个瘦削的、有胡子的男人，看起来像是那种在异国他乡花了很长时间在户外工作的人，他自称是"素食者"。虽然他吃过很多在西方视角看来也不算肉的东西，比如昆虫或者黄莺，但狗肉对他来说，也算是一道"超纲题"了。"我巧妙地回避了我必须得吃狗肉的情况，因为我很认同狗的认知能力，并认为它们不应该被当作食物杀死。"他告诉我。

在西方人群体中,吃狗肉比吃马肉显然更加容易触犯众怒。最重要的是,就像费斯勒的观念,狗对于人们来说是宠物。没错,仅靠这一句就能说明问题。它们应该被宠爱,而不是被烹饪入腹。根据一些澳大利亚科学家提出的一个理论,狼被人类所驯化的其中一个理由,很可能就是因为它们的肉可以食用。在青铜器时代,吃狗肉的行为在欧洲很普遍,古希腊人相信,狗肉可以解决肠道问题和治愈身上的瘙痒。据说,幼犬的肉和红酒、没药[①]混合在一起食用,可以治疗癫痫。甚至,早期的北美殖民者也吃狗肉,而这不仅仅是因为他们食物短缺。今天,单就亚洲地区而言,每年人们会吃掉大概 1 600 万只狗。只要经过适当的烹饪手法处理,狗肉的味道对人类来说还是不错的——至少不会比鸡肉或者牛肉差。它的味道经常被描述成有黄油味,且味道很强烈、很复杂。狗肉中含有的蛋白质和猪肉差不多,但脂肪更少。韩国是吃狗肉的大国,人们相信狗肉可滋补阳气且对男人多有好处,也可以温暖全身。因此许多人声称吃狗肉可以帮助人们扛过韩国夏天的闷热与潮湿——用一句谚语来说就是“以毒攻毒”。这也就是为什么在韩国,大量的狗会在三伏天被吃掉[②]。三伏天分为:初伏、中伏和末伏,初伏的时间为 10 天,末伏的时间也是 10 天。中伏的时间有长有短,可能是 10 天,也可能是 20 天。因为狗属阳气,所以在韩国主要是男人吃狗肉。说自己吃过狗肉的韩国女人有 68%,而男人则有 92%。同时,最近在亚洲市场上出现的几款化妆品,从狗油霜到狗油精华液,再到狗油乳液,据说都能让女性享受到狗油的治疗功效。韩国人还喜欢吃狗肉泡菜、狗肉味的蛋黄酱和狗肉糖。看来,韩国人就是喜欢狗肉的味道。

很多西方人发现,谴责韩国人、苏拉威西岛人、泰国人甚至中国人吃狗肉是很容易的。1980 年,法国女演员碧姬·芭铎(Brigitte Bardot)发起了一项反对韩国人吃狗肉的抗议活动,但并未奏效。然而这项抗议的确改

---

① 没药(myrrh),“没”读作 mò。一种中药材。

② 三伏天韩国人吃的狗肉叫作补身汤。

变了一件事，她的名字被韩国人用来命名狗肉汤了。在首尔的一些餐馆里，狗肉汤现在偶尔就叫作"芭铎"。

悉尼大学的人类学家安东尼·波德伯斯切克（Anthony Podberscek）从来没有吃过狗肉，也一点都不想尝试，但是他却开展了广泛的关于狗肉禁忌的研究。"在韩国，吃狗肉可以说是他们文化中的一个重要组成部分，就像泡菜。"他告诉我，"西方国家要求禁止这种做法的呼声被视为对韩国民族身份的攻击。西方人对待猫和狗的行为缺乏一致性，导致韩国人在被批评食用这些动物时感到烦恼。"如果让韩国人挑选最不应该被吃掉的动物，只有 24% 的人会选择狗，但是有 33% 的人会选择奶牛。然而，你不会看到韩国的媒体对爱吃牛肉的西方人口诛笔伐。

但当下真正的问题是，关于吃狗肉的动力问题，要远比国家之间对狗的意见碰撞更普遍：为什么在定义什么肉可以吃、什么肉不能吃的时候，我们的文化差异如此之大？为什么西方人在反感吃饲养的狗的同时，却可以心安理得地吃猪肉和牛肉？为什么他们热衷于谴责韩国人和苏拉威西岛人吃狗肉，就像素食者热衷于谴责所有食肉者一样？

大部分人都不会吃当地的自然环境所提供的所有物种，即使它们有的很容易捕食，它们的肉也含有丰富的营养。在波兰，我童年时代生活过的国家，罗马蜗牛（helix pomatia）是不会有人吃的。我记得那些蜗牛，花园里、森林里、人行横道上随处可见，它们本可以成为波兰烹饪中的一种容易获得且价格低廉的食材，尤其在波兰的共产主义时代，当时波兰肉店的货架上几乎空无一物。但这个方法并未成功，波兰人认为蜗牛又小又恶心。如果法国人想吃蜗牛，那很好，因为这对波兰人也有好处，他们可以收集蜗牛并出口至法国。数量庞大的蜗牛会带来丰厚的利润——每年总共 230 吨。祝你有个好胃口！

不仅仅是波兰人和丰富的蜗牛的故事。博茨瓦纳共和国的丛林居民发现，在当地的 54 种野生动物中，只有 10 种是可以食用的，尽管理论上它们都可以食用。费斯勒研究了 78 种不同文化中的肉类禁忌之后发现，欧洲人的肉类禁忌是最多的。北美人则处于这一范围的中间——他们不太偏激，但也不是特别喜欢冒险。总的来说，费斯勒认为，人们不会过多考虑为什么他们会选择吃一些物种，又虔诚地避开另一些物种。"那太恶心了！"他们通常这么说，然后对话就到此结束。但对费斯勒、波德伯斯切克和朗汉姆这些研究人员来说，这样的解释显然不够。厌恶的反应只是肉类禁忌的表层和掩饰，他们必须由表及里深挖才行。

如今，很多科学家仍然在我们所建立的食肉禁忌的原因上有所争论，各种理论层出不穷，每个都包含一些事实依据。如果你去美国或者英国的大街上问他们为什么不吃狗肉，很多人都会回答你，因为狗是人类最好的朋友。这听起来的确令人信服。也许和猫或者狗分享同一张沙发，会让我们对这类生物变得心软。然而，又养宠物又吃狗肉的韩国人证明了这一理论是错误的。大多数韩国人不仅仅将狗看作一种食物，他们之中至少有10%的人还把狗当作宠物——至少在大城市是这样。韩国迅速增长的宠物市场估值高达13亿美元，然而令人惊讶的是，养宠物的人并不比没有宠物的人更不赞成吃肉狗——他们的比例分别是：58%和53%。韩国人似乎把狗分成两类，一类是食物，另一类则是人类最好的朋友。黄狗是一种中等体型的黄毛狗，养殖它们就是为了吃肉，它们属于食物。而马耳他犬、狮子狗和约克夏犬则属于朋友。如果你在韩国市场买狗，你能清楚地分辨哪些狗是可以吃的，哪些是可以当作宠物拥抱的。线索就是狗笼子的颜色：粉红色是宠物狗的颜色，铁锈色是肉狗的颜色。

并且，不仅仅是韩国人，南达科他州的奥格拉拉苏部落的人能很清楚地区分肉狗和宠物狗，也能很清楚地分辨哪些应该祭祀给神明，哪些可以吃。在美拉尼西亚，猪被人们当作宠物对待，甚至像人类的婴儿一样——有的妇女会自己哺乳它们。但它们依然会遭到屠宰，最终变成一盘猪肉。

如果宠物的身份不是让某些物种的肉成为食肉禁忌的原因，那么，也许正如一种流行的说法，我们只是不吃那些比别的物种聪明一些的动物，比如狗、猫和马。但事实似乎并非如此。首先，无论它们的主人多么想要相信，猫猫狗狗也不可能真的是毛茸茸的爱因斯坦。虽然比较不同物种之间的智力并非易事，但我们却知道就算猪不比狗聪明，至少它们的智力相当。猪不仅仅擅长马戏团式的杂技，就连跳圈、鞠躬、旋转和在地毯上翻滚也能做到。如果施以教导，它们可以学会如何在自己的围栏中操作恒温器，并可以把温度调到它们喜欢的程度；它们可以自行按下按钮，调节控制杆来获取食物；它们甚至还可以玩简单的电子游戏。在宾夕法尼亚州立大学，两只分别叫作哈姆雷特和欧姆雷特的猪甚至学会了如何用它们的鼻子控制操纵杆。用 M&M's 巧克力豆作为奖励，科学家训练这些猪在电脑上移动光标，然后和其他东西对齐。哈姆雷特和欧姆雷特掌握这项技能的速度和黑猩猩在同类实验中的成绩差不多。那么，温斯顿·丘吉尔（Winston Churchill）爵士说的话似乎就有些道理了："猫鄙视你，狗崇拜你，猪却对你一视同仁。"

奶牛或许不能像职业电竞玩家那样控制电脑，但它们同样可以轻松地操控饮水机的杠杆，或者按下按钮来获取食物。它们的社交生活也出奇地复杂，它们会发展长期的友谊，也可能会对其他同类心有芥蒂。就连鸡也不是完全的鸟脑子，它们会发出超过 30 种不同类型的声音来与同类沟通。比如说，它们可以提醒鸟群捕猎者是从天空还是从陆地逼近。并且，小鸡也知道如何发现并找出隐藏的物品——这是一个甚至连狗都会失败的测试。

我们也许相信我们选择吃的是那些最蠢的动物，反正这些动物并不太能理解它们自身会做的事情，但这并不是事实。如果这是真的，那我们应该用狗肉做培根，而不是猪肉。布罗克·巴斯蒂安的实验显示，我们不把猪和牛当成掌上明珠，或许正是因为我们食用它们——试图抛开食用动物肉时产生的认知冲突。

食肉禁忌有时也是医疗和经济策略的选择

如果不是因为它们的可爱、宠物性和聪明让我们制定食肉禁忌，那么几个世纪以来，我们也会学着去避免食用有害我们健康的肉类。还有一个比较风靡的理论是，如果吃某些肉有害，那么人们会避免吃它们。确实，动物是细菌和寄生虫的滋生地：蛔虫、绦虫、旋毛虫、十二指肠贾第虫、弓形虫、大肠杆菌、肠道沙门氏菌……吃狗肉可能会导致布鲁氏菌病和炭疽病，处理猴子的肉可能会感染埃博拉病毒，因此远离狗和猴子才能安全一点儿。

希伯来的猪肉禁忌经常被解释为一种避免旋毛虫病的手段，这是一种由旋毛虫幼虫引起的寄生虫疾病。一旦摄入未煮熟的肉里的幼虫，它们就可以向人类的身体进军。随之而来的就是高烧、肌肉无力甚至中风。但这种对于猪肉禁忌的有利健康的说法，存在一个问题：旋毛虫病需要很长时间才能发展起来——对于没有现代医学做支撑的人们而言，将疾病与其原因联系起来所需的时间太长了。直到1859年，科学家才开始将未煮熟的猪肉和旋毛虫病联系起来。如果过去的人们不知道猪肉会导致人患上旋毛虫病，那他们为什么要禁止它呢？此外，如果吃猪肉确实风险很大，为什么它还在世界各地被广泛食用，无论是寒冷或者炎热的地区，无论在热带稀树草原，还是在沙漠或丛林中。关于猪肉的危害并没有什么值得说的特别之处。未煮熟的牛肉也是危险的，它可能含有绦虫；羊肉也是如此，它可能给你带来细菌性布鲁氏菌病或炭疽病，而这种疾病与通常轻度病症的旋毛虫病不同，常常以造成死亡才能结束。人类学家马文·哈里斯（Marvin Harris）写的可能是对的："如果有关猪肉的食肉禁忌是神圣的健康法令，那么它就是记录在案的人类最古老的医疗事故。因为一个简单的反对食用未煮熟的猪肉的建议就足够了。"

所以，为什么我们只吃一部分肉，而不吃其他的肉呢？马文·哈里斯宣称，这一切都可以归结为经济学：食肉禁忌可以提高资源可用性并帮助社会生存。这就是为什么印度教徒不吃奶牛，犹太人会避开猪肉。哈里斯认为，如果犹太人为了吃猪肉而留下这些猪，那么这些动物就会与人类争夺粮食和水资源——这些在中东地区短缺的资源。在新石器时代初期，猪更适应阿拉伯半岛的气候。当时，该地区被茂密的橡树和山毛榉森林所覆盖，这为猪提供了可以打滚的泥土，还有橡子和山毛榉的果实作为食物。可是，随着人口的增加，森林被砍伐，林荫、泥土和橡子很快成了遥远的记忆。为了留下猪，你必须喂它们谷物并给它们提供大量的水来为之降温。由于奶牛、绵羊和山羊可以在炎热的气候中茁壮成长，仅仅靠稻草和灌木丛就足以为生——这些人类无论如何都不会吃的东西——因此，它们被证明是更好的牲畜选择。猪不仅与人们竞争相同的资源，而且也无法挤奶，畜养它们变得代价很高，所以它们不得不离开。

类似的理论帮助人们解释了为什么奶牛对印度教徒来说是神圣的——因为屠杀它们显然不经济。4 000 年前，印度教徒不仅会杀死奶牛，还会吃它们。最早的《吠陀》并没有禁止屠宰牛，直到公元 1000 年左右，奶牛才变得神圣，类似于现在的样子。到了今天，印度被奶牛淹没了：能看到奶牛在市场的摊位之间徘徊，在火车站的铁轨上睡觉，在餐馆门前的垃圾堆里吃草。我还曾经看到过一头母牛躺在新德里安永会计师事务所办公室的台阶上。几个世纪以来，是什么被改变了，才使奶牛停止了被屠宰的命运，并获得了神圣的地位？根据哈里斯的说法，答案依然是经济学。它开始于人口爆炸，这促使人们为了获得更多的田地而砍伐森林。由于先前被森林覆盖的恒河谷地变成了贫瘠的土地，干旱越来越严重，农业生产变得困难起来。哈里斯解释说："那些决定不吃奶牛，为了让它们繁殖更多牛的农民，就是那些在自然灾害中幸存下来的人。"公牛拉动犁车，奶牛生产牛奶，两者都产生粪便以浇灌印度的田地并用作炉灶燃料。据计算，在现代印度，用作烹饪燃料的粪便相当于 4 300 万吨煤（这比加拿大每年的煤炭出口量还要多）。因此，哈里斯写道："那些吃牛肉的人失去了耕种的工具。几个世纪以来，越来越多的农民可能会避免吃牛肉，直到一个不成文的禁忌出现。"类似的原因也巩固了中世纪欧洲教会强加的马肉禁忌。与鸡相比，马不善于将食物转化为肌肉，它们根本不是高效的肉类机器，但它们活着时非常有用：可以用于运输和耕田以及产生肥料。

　　虽然可持续发展理论解决了一些有关肉类禁忌的谜团，但它并没有解决所有问题。难道我们西方不吃狗肉只因为它不经济吗？并不是。毕竟，吃掉所有的家畜，可以带来完美的经济划算的感觉。还有一些索马里部落的人对吃鱼肉这种行为抱有厌恶情绪，这是一个无法用经济或环境原因解释的禁忌。一些这样的部落生活在满是鱼类的湖泊或河流附近，但他们却无法从这种丰富的蛋白质中获益，他们相信吃鱼会导致牙齿脱落。那么伊图里森林中瓦莱斯人的蕉鹃禁忌又怎么说？朗汉姆认为，这种食物禁忌让人觉得自己有归属感。他告诉我，当他在东非工作时，他在社会组织的各个层面都遇到了食物禁忌："他们对不同的子女，不同的氏族和不同的部落有不同的禁忌。这些禁忌充当了自我认知的标志，这就是为什么他们经常适用于男性而不是女性，因为部落是基于男性的血缘关系而建立的，女性则是四处走动的。"其他科学家同意朗汉姆的观点，并强调禁忌的作用是文化差异的标志，遵守食肉禁忌可以帮助人们认识到自己是群体的一部分。如果你不吃狗肉，你就可以和美国人一起向苏拉威西岛民和韩国人摇头；如果你不吃蕉鹃肉，那么你就和瓦莱斯的男人绑在了一起。印度的牛肉禁忌背后的解释之一，是伊斯兰教的兴起以及印度教徒们需要将自己与穆斯林分开。在类似的模式中，中东的猪肉禁忌帮助穆斯林把自己和犹太人与基督徒区分开来。而在最近的时代，马肉禁忌给了英国人和美国人另一种武器来对付那些奇怪的法国人。通过禁止食用一种营养丰富且可口的肉的手段，一群人可以将自己与别人分开，并获得归属感。例如，如果你开始信仰一个新宗教，教条中禁止食用一种比较普通的肉类，这就可以给你一个边界，就像一个招牌。以类似的方式，不吃任何肉也可以帮助人们体验这种归属感即他们是素食者群体，要与吃火鸡、汉堡、烧烤等食肉者群体分开。当然，反之亦然。如果你是无肉不欢者，那么你可以和那些同吃牛排或蕉鹃翅膀的伙伴们一起向所有那些"愚蠢"的素食者朋友翻白眼，你知道你属于哪个群体。

　　目前，几乎所有人类文化都至少会食用几种动物的肉。有些人，比如亚洲人，他们会吃更多类型的肉；其他人，比如美国人和欧洲人就会少一些。但文化在变化， 人类也进化了。 以肉类禁忌为例，我们的肉食习惯适应了我们的经济现实以及所处的生活环境。对于印度的印度教徒来说，吃奶牛变得弊大于利，所以他们开始禁止食用它。对中东的犹太人来说，养猪变成了与其最大利益相悖的事，因此他们禁止了它。当然，这不是整个故事，但却是其中的重要部分。地球的气候经历了快速和负面的变化，我们的肉类禁忌也会因此而变化吗？我们会开始吃昆虫，并停止吃牛肉吗？或者，像今天的素食者一样，我们会禁食所有肉类吗？ 目前，至少在世界的某些地方，这种趋势正在令人不安地逆转：长期的素食者再次迷上了肉类，放弃了以植物为基础的饮食。无论健康和环境的后果如何，他们都会消耗越来越多的肉。

第 ⑪ 章

"粉色革命"——亚洲如何迅速对肉上瘾

变革之风让日本短时间内从近乎素食转变为热爱肉类

就像普通的牛排馆一样，这家名为"唯一的地方"的牛排馆也十分低调。这里的气氛让人感到放松，装饰也很简单。里面是覆盖着红白格子的亚麻布的方桌以及阿尔卑斯风格的木椅，一排排的圣诞彩灯在天花板下懒洋洋地闪烁着。留着八字胡的服务生们穿着清爽的白衬衫，显得有些无聊。事实上，如果不是因为它的位置，"唯一的地方"几乎无人注意——这家牛排馆位于印度班加罗尔市中心的一条小巷里。曾经，在班加罗尔，人们非常崇拜牛，杀死一头牛会让你进监狱。事实上，在这里，牛的尿液都被认为是神圣的，它会被用来给生病的孩子洗澡。然而现在，你能在这间牛排馆的菜单上看到费城奶酪牛排、至尊烤里脊牛排和双菲力牛排。牛肉、牛肉、更多的牛肉。

服务生将我的牛排端上来，它被放在一个纯白色的盘子里，散发着浓郁的肉香味。虽然我只吃了几口（我丈夫狼吞虎咽地吃掉了剩下的部分），但我已经可以由此判定肉非常美味。不去讨论印度牛肉的宗教性，单纯从味道来评判，印度牛肉着实品质甚佳。

每当我讲这个故事时，人们（西方人）通常会感到震惊：你在印度吃牛肉？这合法吗？答案是肯定的。1970年，"唯一的地方"开门迎客时还是个先锋，但在如今的印度，牛排馆在富裕的大都市里风靡一时。此外，印度最近取代了澳大利亚，成为仅次于巴西的全球第二大牛肉出口国。没错，印度圣牛的牛肉出口数量几乎超过了世界上所有国家。

诚然，印度的人均肉类摄入量仍然非常低，每年只有 3 千克，而美国人均年肉类摄入量达到了惊人的 125 千克。然而，印度的人均年肉类摄入量正以惊人的速度增长。到 2030 年，印度大城市的家禽消耗量预计将在 2000 年的水平上增长 1 277%。同样的事情也发生在整个亚洲。到 2030 年，马来西亚的牛肉消耗量可能会增长 159%，柬埔寨将增长 146%，老挝城市居民的家禽消耗量将增长 1 049%。与此同时，到 2030 年，中国的猪肉消耗量将比现在增长 2 205 万吨——相当于 10 万架满载乘客的波音 787-8 梦想客机的重量。考虑到仅印度和中国就有 25 亿人口，亚洲整体对肉类日益增长的需求，不仅会给即将被宰杀和食用的动物带来麻烦，也会给亚洲人乃至我们这个星球的健康带来麻烦。

科学家们所说的营养转型，有 5 种公认的转变模式或阶段：首先一个社会会从第一阶段——收集食物（狩猎和采集）发展到第二阶段——饥荒（通常从农业开始），然后是第三阶段——饥荒的逐渐消退。在第三阶段，农业将得到改善，严重的饥饿将成为过去，但食品仍然是未经加工的、简单的。后来，随着时间的推移，社会经历工业革命，进入营养转型的第四阶段——退行性疾病。这就是西方社会的现状：吃含有胆固醇、糖和脂肪的不健康食物。但这并不是道路的尽头。营养学家预测接下来会出现第五阶段——行为改变。行为改变在某种程度上意味着，回到与第一阶段社会所消费的食物相似的饮食结构：少吃肉，多吃水果、蔬菜和全谷物。

就目前而言，亚洲正在经历从第三阶段（饥荒的逐渐消退）到第四阶段（退行性疾病）的转变。发展中国家的人们在食品上花的钱越多，他们买的肉就越多。有研究报告显示，年收入每增加 1 000 美元，亚洲国家人均肉类消费量就增加 1.2 千克，非洲增加 1.6 千克，中东增加 4 千克。以前，发展中国家是世界上食用肉类最少的国家；而现在，发展中国家的人们却愿意把辛苦挣来的工资花在吃肉上，但他们可能并没有吃肉的传统，而且这期间吃肉会损害他们的健康。那么我们需要弄明白一个问题：他们为什么这样做？

日本是东亚第一个对肉类产生兴趣的国家，也是一个可以让我们窥见在相对较短的时间内从近乎素食转变为热爱肉类的过程的国家。直到 1939年，一个日本人每天仍只食用 2.8 克的肉——当然，那是一年的平均值。如今，山田太郎（相当于日本的乔安·史密斯）的每日食谱中肉的分量为133 克，他最喜欢的动物肉是猪肉，而不是寿司卷里的金枪鱼。这一惊人变化的背后的一个原因是西方影响力的增强。

中世纪的日本实际上是素食主义的。日本的民族宗教——佛教和神道教，都提倡以植物为基础的饮食，但让日本人远离肉类的更重要的原因可能是岛上耕地的短缺。饲养牲畜会占用利用率更高的种植业土地，而且在中世纪的日本，已经有太多的森林被砍伐用作农田，太多的役畜被作为牲畜宰杀，这促使日本统治者颁布了吃肉禁令。第一个禁肉令是在公元 675年宣布的，这意味着从晚春到初秋，日本人不能食用牛肉、猴子肉、鸡肉和狗肉。后来，更多的禁令接踵而至。在一段时间内，日本人仍然可以通过食用野味来满足他们对肉食的渴望，但是随着人口的增长，森林逐渐被农田所取代，鹿和野猪消失了，山田太郎盘子里的肉也消失了。

变革之风从 18 世纪开始刮起来，起初是温和的。荷兰人向日本人灌输了吃肉有益健康的观念后，日本人开始将高大的欧洲人的肉类饮食视为进步以及与封建等级社会决裂的象征。1872 年，日本人的饮食结构迅速向肉类倾斜。那一年的 1 月 24 日，面容阴柔、热爱写诗的明治天皇第一次公开吃肉，这让以他为榜样的日本人转向吃肉成为可能。在短短 5 年时间里，东京的牛肉消耗量飙升了 13 倍以上（来自韩国的进口牛肉使得这种飙升成为可能）。明治天皇和他的政府不仅将肉类视为日本现代化和提高普通公民健康水平的一种方式，而且还将其视为增强日本军队实力的一种方式。当时，日本军队应征入伍者大多又小又瘦——超过 16% 的士兵无法达到最低身高标准（150 厘米）。

第二次世界大战后，美国的占领又一次有力地刺激了日本对肉类的需求——日本人注意到战胜国的士兵用汉堡、牛排和培根将他们自己喂饱。麦当劳日本业务主管藤田的话很好地概括了当时的普遍情绪："如果我们能连续 1 000 年食用汉堡，我们就会变成金发碧眼。当我们变成金发碧眼，我们就能征服世界。"

印度对肉食的追求是对现代化和进步的渴望

印度人开始食用动物蛋白质的原因与日本相似。这是一个渴望成为现代化国家和变强大的故事——想要成为"我们成功了"俱乐部中的一员。班加罗尔，这片尘土飞扬的土地上混杂着人类、建筑和汽车。在这座城市的嘈杂声里，21 世纪与动荡的过去交织于每个角落，成为研究印度与动物肉类之间的矛盾关系的绝佳场所。

班加罗尔过去被称为"花园城市"，但近年来，树木和草坪已被办公楼和公寓楼占用，取而代之的是大量的商店和坑坑洼洼的街道。如今，班加罗尔是一个以污染和拥堵闻名的城市，但同时也是印度 IT 产业的首府——印度硅谷。它的名声非常响亮，昂贵的豪华轿车穿梭于肮脏拥挤的公共汽车和锈迹斑斑的"嘟嘟车"之间。

街道上翻修过的高档精品店坐落在一些摇摇欲坠的建筑中。露天咖啡馆里，松散的电线挂在桌子上，中产阶级顾客在那里啜饮着拿铁。空气中有女人身上的香水味、汗味、汽油味，还有灰尘的味道，这些灰尘不断地进入我的嘴巴和眼睛。

而"唯一的地方"要平静得多，它的门后足够安静，所以我得以轻松地边吃牛排边听阿加特·安贾那帕（Ajath Anjanappa）讲故事——关于许多年轻的印度中产阶级是如何放弃素食主义的故事。

在很多方面，安贾那帕是一个典型的成功的班加罗尔人。他今年 30 多岁，是一名工程师，拥有美国 MBA 学位，经营着一间为当地提供节能照明的公司。他英俊且随和，和他那一代的许多人一样喜欢吃肉。正如安贾那帕所解释的那样，如今在印度吃牛排和汉堡意味着现代化和世俗。这是一个信号，表明你属于一类人——总是乘坐国际航班并为跨国公司工作的群体。"这对你的事业有帮助。"他告诉我。

安贾那帕与肉类的关系始于印度富人日常的生活方式：你要么在一个纯素食（印度人吃素）的家庭长大，要么在一个吃肉很少的家庭长大。当你上大学时，会交到新朋友，然后，你开始在遍布班加罗尔、孟买和德里的许多国际餐厅里就餐。"我所有不吃素的朋友都试图说服我，说我错过了一个好机会。如果你是素食者，你就和他们不属于同一个社交圈。到我们毕业的时候，我所有的朋友都是食肉者。"安贾那帕说。"然后你就会去一家西方国家的公司工作。很多像谷歌或苹果这样的公司都有自己的自助餐厅，那里有很多免费的肉类供应。所以为什么不吃呢？"他告诉我。随着时间的流逝，你将去印度以外的地方工作，那里通常没有像样的素食，你要么吃肉，要么挨饿。所以你被迫吃了肉，然后你开始喜欢它。那些在跨国公司工作的印度年轻人经常能赚到大钱，他们把钱花在尝试新事物上，包括新的菜肴。在印度，让人们更难抗拒吃肉的是人们分享食物的方式。与崇尚个人主义的西方不同，印度人在进食时习惯于和别人共享菜肴。拒绝别人都在吃的食物是反社会的，会给人带来很大的社交压力。

然而，即使在蒸蒸日上的班加罗尔，牛排馆也不常见。当我向很多印度人提及印度的牛肉产业时，他们得知印度是世界上第二大肉类出口国后感到吃惊。事实上，在 2013 年和 2014 年，来自南亚次大陆的牛肉运输量惊人地增长了 31%。其中很大一部分首先被运往越南，然后是中国。另外，很多印度牛肉也被出口到海湾国家和北非。出口到美国和英国的只占很少一部分，所以你在烧烤时遇到印度牛的概率很小。但许多西方生产商仍然对竞争感到担忧——印度牛肉因其物美价廉而牢牢地占据市场。

至少在官方层面上，印度并没有屠宰自己的"圣牛"。它出口的牛肉实际上来自水牛，这是一种与奶牛关系密切的牛，但不是完全一样的东西。水牛并不神圣，它们不像印度的圣牛那样，可以在老房子里度过晚年，死后被埋在墓地里。相反,卡车会超载运输水牛,在没有食物和水的情况下运输,在与美国肉类产业中心相似的悲惨环境下被屠宰。

官方的说法是,牛肉不是从印度进口的,但实际上,印度有一个地下牛肉屠宰产业。牛肉还在印度的时候,人们给它贴上"水牛"的标签,而一旦越过边境就给它贴上"奶牛"的标签。非营利性的善待动物组织(PETA)的一个地方分会的数据显示,印度有大约 3 万家非法屠宰场,其中很多家都把神圣的奶牛变成了牛排。正如安贾那帕告诉我的那样:"只要钱源源不断地流入,他们就不介意自己在屠宰什么。"

对于那些为了动物而放弃肉食的西方伦理素食者来说,这种二元性往往难以理解。杀死一头圣牛是一种可怕的罪行,而屠宰它们的近亲水牛却完全没问题,这怎么可能呢?年轻富有的印度人怎么能这么快就抛弃素食主义,而且似乎没有什么遗憾呢?然而,这是有原因的。毕竟,在印度,素食主义的含义与西方截然不同。

首先,素食主义和牛的神圣性并不一定相伴而行。数百万从来不吃牛肉的印度人吃鸡肉或猪肉没有任何问题。与此同时,尽管牛在印度被视为神圣的象征已长达几个世纪,但在公元 1 000 年以前,这些神圣的动物仍然会被屠宰和食用。随着时间的推移,吃圣牛的禁令才慢慢融入了文化因素。今天,虔诚的印度教徒相信,每头牛的身体上都住着 3.3 亿个神,而要成为一头牛,灵魂必须轮回 86 次(这要经历许多次生命)。直到最近,在克什米尔地区,杀牛者还会被判死刑。印度人的祖先是吃这种神圣的动物的,但许多印度人却试图忘记这个事实,2006 年,学校教科书中删除了古代印度人吃牛肉的内容。

其次,印度的素食主义并非源于对牛的崇拜,它是由一个叫作阿哈姆沙(意为"非暴力")的概念独立发展起来的。基本上,阿哈姆沙的意思是所有的生命都是神圣的,不应该被摧毁。非暴力是印度三大宗教——印度教、耆那教和佛教之间的共同纽带。但阿哈姆沙并不意味着你不能吃肉——不是按照大家通常的理解。阿哈姆沙与动物无关,它是关于人的,就像古希腊的毕达哥拉斯一样，佛教、印度教和耆那教都把重点放在暴力对人类灵魂的影响，以及暴力如何使人堕落上。所以，如果你自己没有杀死动物，也没有要求任何人这样做，暴力就没有玷污你的精神，你就不会被影响。佛陀吃肉，甚至耆那教的大数学家马哈维拉也曾吃过几只被猫咬死的鸽子。

对印度的许多人来说，阿哈姆沙仍然意味着人类永远不应该食用肉类，因为它来自污染灵魂的暴力。然而，这种形式的素食主义仍然是关于人类的，而不是关于动物的，这使得信徒一旦停止宗教信仰就更容易开始吃肉。印度媒体很少讨论肉食动物的痛苦。对大多数人来说，素食是一种生活方式，一种传统。那些出于健康或道德原因而有意识地决定不吃肉的人非常引人注目，以至于他们被称为"非选择性素食者"。

素食主义在印度不是大多数人的选择，而且常常被视为保守甚至落后，而吃肉就代表着现代化和进步。就像日本明治天皇一样，圣雄甘地在他人生的某个阶段也相信，以肉类为基础的饮食可以推动印度向前和向上发展。是的，甘地，憎恶暴力、不吃肉的甘地，但他并不一直是个素食者。虽然他出生在一个典型的印度教纯素食家庭，但他很快就将吃肉视作可以帮助印度次大陆实现现代化的方法。早在 19 世纪晚期，人们就普遍认为吃肉是一种爱国的责任，是让印度人变得和英国人一样强大的一种方式，这样他们就可以把殖民者赶出去。有一首打油诗特别受欢迎："看，强大的英国人，他统治着矮小的印度人，因为他是一个食肉者。"所以，有一天，甘地决定开始吃肉。他和他的一个已经吃肉的朋友，打包了新鲜出炉的面包和一些煮熟的山羊肉，徒步到河边一个偏僻的地方（这样就没有人会看到他们了）。到了那里，甘地咬了一口肉，慢慢咀嚼。他不喜欢，一点也不喜欢。这肉硬得像皮革一样，他没法吃完。后来在晚上，他被噩梦折磨着，感觉"有一只活生生的山羊在咩咩叫"。但他不断提醒自己，吃肉是一种责任，他必须这么做。

不久之后，当甘地搬到伦敦，他开始在高档餐厅吃肉，并学会了享受肉的味道。他在自传中承认，有一段时间，他希望"每个印度人都吃肉"。但随着时间的推移，甘地又回到了素食主义。正如他所说，他成了"自愿的素食者"。在阅读了许多有关营养和伦理的书籍后，他相信素食主义不仅从道德的角度看更好，而且更有利于健康。他意识到吃肉不会把印度变成一个强大的国家——也许恰恰相反。

今天，你不会听到很多印度人说吃肉是一项国家责任——它将帮助印度统治世界，但动物蛋白质使个人强壮的信念仍然存在。在印度，媒体对所有将吃肉与癌症、糖尿病和心脏病联系起来的研究都相当沉默，甚至有很多文章赞美吃肉是健康的关键，蛋白质的神话尤其有力。领先的新闻报纸《印度时报》（*Times of India*）写道："要记住，素食主义也有它的问题，因为植物性食物往往缺乏蛋白质。"在电视上，名厨们会制作以肉类为主的菜肴，男演员们则会不走素食路线来为自己的角色增加肌肉。萨尔曼·汗（Salman Khan）是宝莱坞收入最高的明星，他不仅因为他的舞台才华，还因为他强健的身体而闻名和受人喜爱。他是一个自豪的食肉者，常向大众传播非素食的福音。因此，很难责怪安贾那帕，作为一个经常去健身房的人，他需要吃肉——尽管科学清楚地表明这不是真的。事实上，传统的印度蔬菜并不缺乏蛋白质。想想看，他们有 50 多种小扁豆、豌豆等，都富含蛋白质，如果和大米搭配，就能完全满足人体对蛋白质的需求。素食主义在印度生根要比在欧洲或北美容易得多的原因是，印度本土植物所能提供的烹饪多样性和蛋白质含量。印度著名的食品历史学家 K. T. 阿查亚（K. T. Achaya）甚至宣称："也许 3 000 年前，除了印度，世界上其他地方都不可能成为严格的素食者。"

然而，就像甘地时代一样，在印度，吃肉仍然是一种政治行为。印度大学组织的几场牛肉节以与保守团体的暴力冲突告终。"食用牛肉是反婆罗门教的象征。"一个学生组织说。科学家们一致认为，在印度，吃牛肉代表现代化。吃牛肉代表着反对种姓制度，因为种姓制度的上层是不吃牛肉的婆罗门，因此吃牛肉削弱了他们的权威。在 2014 年的议会竞选中，保守的印度人民党试图用一句口号为其领导人赢得选票："投莫迪一票，让牛活下去。"纳伦德拉·莫迪（Narendra Modi）是个矮胖的男人，一头白发，蓄着连鬓胡，把圆圆的脸完美地围成一个圈。他创造了"粉色革命"这个词，用来形容印度对肉类日益增长的需求以及出口牛肉所带来的收入渴望。选举前，莫迪谈到了肉类行业对"母牛"的犯罪，并建议应该禁止牛肉贸易。然而，在他赢得大选并成为首相几个月后，"粉色革命"仍在继续，肉类出口似乎是印度无法停工的摇钱树。

牛肉可能是印度最具政治敏锐性的肉类，而印度人最常吃的则是鸡肉。格林纳噶是喀拉拉邦双子城阿纳库拉姆高池的一个高档社区，绿树成荫，交通一点也不拥堵。这里的空气中充满了恶臭的蒸汽，那是从该地区的许多运河上升腾起来的，纵横交错在市区的运河是一道道充斥着垃圾和植被的绿色水流。但此地大多数房屋都很整洁，面积很大，而且价格不菲。在迷宫般的无名狭窄街道中，隐藏着一家小商店。这家商店迎合了印度人对肉类日益增长的需求——对现代化和财富的渴望。这家店隶属于一家名为苏格纳每日生鲜（Suguna Daily Fresh）的连锁店，它提供包装卫生、易于烹制的鸡肉。对于西方人来说，这似乎没什么特别的；但在印度，一个你想要烹饪一只鸡，还需要在一个拥挤的市场上购买、拔毛、清洗内脏的国家，这家商店是非比寻常的。像苏格纳每日生鲜这样的店提供的方便包装的昂贵产品，是为上流社会准备的，正是他们驱动了印度人对肉的渴望。毕竟，人们爱吃肉正是因为肉贵。谁不想拥有像肯德基、麦当劳和印度肉制品广告中那些漂亮的、浅肤色的外观，看上去就和成功人士一样，可以大口享用动物蛋白质呢？印度想要崛起，崛起意味着吃肉。

中国日益增长的肉类需求蕴藏在独特的文化中

类似的事情也正在中国发生。中国正从一个人均年肉类消耗量不足500克的国家（在20世纪初），迅速成为一个餐盘里堆满猪肉、鸡肉的国家，牛肉也不少。自 20 世纪 80 年代以来,中国的肉类消耗量翻了 4 倍。中国已经消耗了地球上一半以上的猪肉、20% 的鸡肉和 10% 的牛肉。不久,这些数字将会更大。如果拥有 13 亿 [①] 多人口的中国像今天的美国人一样吃那么多的肉,他们就会吃掉地球上 70% 以上的肉类。

中国对肉类日益增长的需求,背后的原因与印度和日本类似。中国人之所以消耗越来越多的肉类,是因为他们终于买得起肉了。并且,因为多年来没有足够的肉类供应,肉成了奢侈、财富、现代化、西方和权力的象征。和印度一样,在中国,吃肉通常意味着拒绝旧的社会等级制度。这也是麦当劳和肯德基等快餐连锁店在中国蓬勃发展的原因之一。人类学家阎云翔曾经写道:"许多人选择光顾麦当劳,因为在那里他们可以体验到西式的平等。"在西方快餐连锁店,所有顾客都受到同样的尊重,不论他们的年龄、社会地位或财富,这与传统的中国餐馆大不相同。正如阎云翔所描述的那样,在传统的中国餐馆里,顾客之间会进行攀比,看谁点的餐最贵、最豪华。比如说,坐在你旁边桌子的那个人点了一只鸡,那么如果你不想丢脸,你就不能只吃蔬菜。为了证明你的社会地位,你还得点盘肉,最好是更贵的菜。当你正准备向服务员点猪肉时,坐在你左边桌子上的人抢在你前面,点了一份猪肉饺子。在心里计算完钱包里还剩下多少钱后,你用略带颤抖的声音点了菜单上最贵的猪肉,挽回了面子,却花了钱。而在麦当劳或肯德基,由于菜单简单、价格相似、菜品标准化,所以不存在这样的困扰。更重要的是,在这些餐厅里,人们消费的不仅是食物,还有西方文化。当然,麦当劳、肯德基以及汉堡王等都是吃肉的地方,所以如果你本来是想去那里体验西方文化,你可能会顺便迷上汉堡和鸡肉。

尽管印度和中国对肉类日益增长的需求可能有许多相似之处,但也有相当多的区别——这也是中国在大量摄取动物蛋白质方面变得遥遥领先的原因。虽然中国的传统饮食以植物性食物为主,但素食主义在中国从未像

---

① 据国家统计局发布数据显示,截至到 2019 年末,中国大陆人口突破 14 亿。

在印度那样根深蒂固。中国人过去很少吃肉，主要是因为当时他们没有足够好的土地来种植牲畜饲料。闹饥荒是很常见的，所以这里的人学会了吃任何可以吃的东西（因此中国菜单上有驴鞭、烤蝎子和其他西方人不常见的食物）。在中国，热爱肉类的种子已经存在，并深埋在文化中，就等待着一个发芽的好时机。

汉语也是一个重要的因素。以鸡肉和鱼为例，这些词在普通话中与"吉"和"余"的发音相同。因此，中国人会在除夕吃鸡和鱼以祈求好运。在中国，家是另一个可能有助于强化食肉饮食的词。"家"这个字，由"豕（shǐ）"字和代表屋顶的部首构成，而豕的本意是猪。

记得有一次，我在北京的一家餐馆就餐，那里的房间明亮开阔，圆桌排列齐整。人、煎烤的气味、颜色——白色、红色和金色——混合在一起。但是塑料菜单上只有中文，密密麻麻的而且图片也很模糊。当一个服务员从我身边走过时，我叫住他。"那是什么？"我用僵硬的中文问道。"肉。"我听到他的回答。"什么肉呢？"我追问。"肉。"服务生耸了耸肩。我指着一道菜，又指着另一道菜，不停地问。但我对菜单上所提供的一些食物仍然不太理解。看起来，虽然有些菜是"鸡肉""鱼"甚至是"驴"，但其他很多菜只是"肉"，仅此而已。

后来我逐渐了解到，如果在中国某样东西被简单地描述为"肉"，它的意思是猪肉。中国人爱吃猪肉。地球上几乎一半的猪都是在中国饲养的，在饥荒肆虐的过去，猪是经济保障。它们的饲养成本很低，它们以家庭剩余食物甚至人类粪便为食。它们还可以用来交换利益，比如作为结婚礼物，当然也可以作为食物。

但肉食的风靡也带来了一些问题，亚洲的营养转型意味着人们的健康状况正在走下坡路。当然，这并不完全是因为吃肉。饮料、糖果、薯条——所有这些都带来了一些负面影响。有大量研究表明，患癌症、糖尿病和心脏病的概率增加与大量吃肉有关，而这正是亚洲正在经历的。印度已经有超过6100万人患2型糖尿病，到2030年这个数字可能会翻一番。在双子城阿纳库拉姆高池，那也是苏格纳每日生鲜售卖干净卫生的白条鸡的地方，几乎 1/5 的居民患有糖尿病。亚洲人的腰围也在变大。在中国，超过 30% 的成年人体重超标，1 亿人正在经历肥胖。

营养不良和由此导致的健康问题只是亚洲肉类相关问题的一部分。禽流感一次又一次地爆发，造成这些问题的原因，正是肉类行业的迅速增长。在动物产品方面，中国在很多方面都比美国有更严格的安全规定。以莱克多巴胺为例，这是一种模仿应激激素的药物，美国多达 80% 的猪都服用这种药物。在中国，如果发现莱克多巴胺被用于喂猪，那么养殖场就会被曝光，因为莱克多巴胺作为饲料添加剂在中国是非法的。

亚洲对肉类日益增长的需求不仅是亚洲的问题，也是世界的问题。肉类行业是国际性的，世界上一个地区发生的事情往往会影响到其他地区。在中国，该行业面临的主要挑战是土地——土地的数量不够。中国人均耕地只有 0.08 公顷，是美国的 1/6.5，不足加拿大的 1/16。因此中国人不能为所有他们想吃的动物都种植饲料。同样，印度也面临着土地短缺和严重缺水的问题。如果中国和印度，想要建立一个像美国那样规模的用水密集型的肉类产业，它们将会陷入困境。

如果有国家肉类需求量很大却又无法生产足够的肉类，它们会怎么办？可以像中世纪的日本那样颁布肉食禁令，但如今这种情况显然不太可能发生。相反，他们会利用外包和进口来满足自己的需求。那么这些排骨和汉堡肉饼从哪里来呢？比如美国。在过去的十年里，美国对中国的猪肉出口量增长了近 10 倍。而在此之前，中国最大的肉类加工企业双汇国际收购了美国巨头史密斯菲尔德食品公司，成为全球最大的猪肉生产商。没错，资金正源源不断地涌入美国国库，但这笔交易也有其阴暗的一面。人们在消费肉类的同时，也在为此付出代价：被污染的水、污浊的空气、耐抗生素的细菌正威胁着人们的健康。

中国还进口大量的饲料用于饲养家畜，自然，这又是出口污染。中国肉类生产商一直在寻找土地种植大豆和玉米，以满足饲养牲畜的需求。这些饲料有的来自美国，有的来自非洲，有的来自东欧，但大多数来自拉丁美洲。巴西超过 80% 的大豆都出口到了中国，而且增长曲线几乎是垂直的。巴西有科罗拉多那么大的一片土地，目前都种植着将运往中国的大豆作物；阿根廷也有类似的情况。这可不是什么好消息。巴西种植的 99% 的大豆都是转基因大豆，而且这些大豆喷洒了大量的除草剂和杀菌剂。在阿根廷的大豆种植区，这种化学品的使用已经导致癌症和畸形儿问题的暴发。

人们很容易批评亚洲人对肉类的需求，并将矛头指向由此带来的麻烦，但其实，这些国家只不过在重蹈欧洲和北美多年前的覆辙。他们对肉类上瘾的原因和我们一样：因为肉类的味道，因为肉类产业的游说和营销，也因为肉类的象征意义。他们想吃肉是因为他们想要现代化、工业化和富裕。他们想要摆脱社会等级制度，而西方的肉类菜肴代表着平等。肉的象征意义在印度尤其明显：当婆罗门精英牢牢占据印度社会的上层时，大众渴望成为素食者。现在，西方可以被他们视为"我们成功了"的终极典范，而这些西方人以肉类为食。年轻的上层阶级、IT 工作者和那些拥有美国 MBA 学位的人，不愿像传统村民那样，肚子里塞满了扁豆，他们被媒体兜售蛋白质的神话征服了。即使他们是素食者的时候，也不怎么关心动物，而且他们自己也没有刻意选择饮食，这使得不吃素食变得更容易了。

与此同时，中国人一直爱吃肉，尤其是猪肉——他们只是没有足够的土地和资源来种植饲养猪所需的饲料。现在他们实际上可以从巴西或美国"进口"土地，他们也确实做到了。亚洲人开始转向以肉为主的饮食结构，并非因为他们不再信仰素食主义，而是因为肉食是一种与传统分离的方式。

当然，不是每个印度人都是阿加特·安贾那帕，不是每个人都有钱在西餐厅吃牛排。在印度，近 70% 的人每天的生活费不足 2 美元，而苏格纳店里的鸡胸肉的价格约为每磅 2.5 美元[①]。但是，这些贫困的人们仰望富人，并注意到他们对肉类日益增长的需求。他们看见肉店开张了，牛排店在招

---

① 每磅 2.5 美元，即每 500 克约 17.6 元人民币。

揽顾客,他们在电视上看到不吃素的宝莱坞明星在秀肌肉,所以他们也想吃肉。

但我们的星球根本无法承受人们对肉类日益增长的需求——它承受不起牲畜体内的抗生素,也承受不起饲养牲畜所需的水;它承受不起畜牧业所造成的全球变暖;同样,它也承受不起西方的食肉瘾。现在是营养转变的时候了——第五阶段:行为改变。不久的将来,我们有可能显著减少肉类消费吗?我们究竟该如何改变呢?

第 12 章

肉食性饮食的未来

理论上，人造肉有助于缓解环境和人类健康问题

想象一个所有人都像美国人这么吃肉的世界；想象一个所有人的盘子里装满了汉堡肉和牛排的世界；想象一个被养猪场和巨大鸡舍所覆盖的世界；想象一个没有土地来种植更多东西的世界，没有足够的水的世界，再加上另一个类似地球的星球，从那里我们可以运送一些牛、猪和鸡，或者至少我们可以收获填饱肚子所需的谷物。目前，世界上33%的耕地被用来饲养牲畜。如果到2050年，有93亿人都想要美国人这样的饮食结构，那么我们需要的肉类几乎是2014年的4.5倍，所有奶酪、黄油和冰激凌都需要大约同样多的牛奶。虽然过于简化，但试着将33%乘以4.5，看看我们需要多少耕地来满足对动物蛋白质的需求。是的，地球耕地有些短缺。当然，地球上如果没有足够的土地来种植饲养牲畜所需要的饲料，肉的价格就会飞涨，我们的环境会受到破坏，人们的健康状况也会大不如以前。

尽管到2050年，发展中国家很有可能无法像今天的西方人那样消耗那么多肉，但事实上，全球的肉类需求正在不断增长。即使在许多发达国家，人均肉类消费量仍在上升。19世纪早期，平均每人每年吃10千克肉；2013年是43千克。如果以目前的速度继续增长下去，到2050年可能会达到52千克。再加上人口增长，我们将不得不以某种方式将肉类产量提高1倍。总的来说，要在2050年养活全世界，我们需要将粮食产量提高70%。投资肉类不是解决问题的办法，动物不能有效地将饲料转化为食物，它们把饲

料浪费在了生长上。为了长出 500 克肉,一头牛必须吃掉大约 6 千克的谷物。在美国,家畜已经吃掉了 60% 的粮食。

水也是一个问题,畜牧业非常耗水,例如 500 克牛肉需要约 7 041 升水。与此同时,地球上的水资源正在面临严重危机。我们过度抽水灌溉农田,耗尽了含水层里的水。水资源危机正在世界各地发生,包括美国。大约 10 年后,地球上一半以上的人口将不得不应对水资源短缺的问题。随着水资源的枯竭,流经多国的河流上的水坝可能引发战争,政府也可能面临崩溃。

更糟的是,肉类生产与气候变化息息相关。在人类排放的所有温室气体中,14.5% 来自畜牧业。如果这个数字看起来不那么大,考虑一下这个:畜牧业的温室气体排放量与所有交通工具的排放总量(乘用车、卡车、轮船、飞机等)差不多。尽管我们非常担心燃油经济和每年旅行的里程数,以及在当地吃太多的东西和坐太多次飞机,但我们常常忽略盘子里的肉。事实上,它们应当获得我们同等程度的关注。

英国智库英国皇家国际事务研究所最近的一份报告显示,如果我们想要阻止灾难性的全球变暖,我们就需要控制肉类消费。如果我们对全球变暖无所作为,到 21 世纪末,全球平均气温将上升 7 摄氏度(与工业化前的水平相比)。这对农业极其不利——世界上将会出现更多的沙漠,更少的可用耕地,以及更少的水。总的来说,全球气温升高会导致包括肉类在内的食物的减少,以及更多人挨饿。

要阻止气温上升超过 2 摄氏度(这已经是一个重大变化),我们必须减少肉类消费。科学家建议,我们应该用谷类和豆类食品替代至少 75% 来自肉类和奶制品的热量。我们必须尽快实行弹性主义——或者用一些人的话说是"简约主义"。但问题是,世界各地的人们并不特别愿意这样做。他们不想要扁豆,他们想要牛排。为了解决这个问题,人们开始寻找一种完美的肉类替代品。

在伦敦河畔工作室的蓝色色调中,汉尼·罗兹勒(Hanni Rützler)正在咀嚼一个汉堡。她慢慢地、有意识地咀嚼着。最后,她抬头看着厨师,赞许地点了点头。"它非常接近肉，"她说，"我原以为它的质地会更柔软，没有那么多汁。但对我来说它就是肉。"

罗兹勒，一位奥地利营养科学家及食品趋势专家，是最先品尝世界上第一块人造牛肉的三人中的一人，那是 2013 年的夏天。当他们吃东西的时候，我和其他被邀请的记者们使劲地用鼻子嗅着人造牛肉的味道（它闻起来和其他汉堡肉没什么两样）。整个事件被全球媒体广泛报道，毕竟，它不仅是第一块在培养皿中培育出来的汉堡肉，而且可能也是最贵的汉堡肉——0.14 千克汉堡肉的生产成本高达 33 万美元。

荷兰马斯特里赫特大学的体外肉类实验室与我想象的非常不同，正是在这里，生理学教授马克·波斯特（Marke Post）和他的团队发明了"伦敦汉堡"。在我看来，这个实验室很宏伟：一个像工厂一样的大空间，里面到处是试管、显微镜和烧瓶；许多科学家穿着白大褂，正在专注地工作着。但在我参观的那天，我跟着穿牛仔裤的实验室技术员阿农·范·埃森（Anon van Essen）走进了一个面积约 10 平方米的小房间，周围只有几台显微镜、一些空盒子和废弃的烧瓶，既没有人，也看不到肉。"这是我要参观的地方吗？"我不禁问道。范·埃森微笑着。"我们经常听到这种说法。"他用带着荷兰口音的沙哑声音说。许多电视摄制组实际上是在另一个实验室拍摄的，我们假装那里是我们生产肉的地方，因为这个房间太小，拍不出像样的照片。我的下一个问题也很简单："肉在哪里？我能看看吗？"范·埃森指着后墙旁边的两个像冰箱一样的大装置，"孵化器。"他解释道。它们被放在冰箱一样的架子上，里面装满了红色黏稠物的培养皿。

黏液（范·埃森称之为"生长介质"）中充满了卫星细胞，这是一种干细胞，负责损伤后的肌肉再生（比如当你割伤手指时，它可以帮助你修复肌肉）。范·埃森告诉我，生产肉的过程基本上是这样的：每隔几周，一小块牛肉就在马斯特里赫特实验室诞生。技术人员从肌肉中提取卫星细胞，并将它们放在培养皿中，放入有助于细胞繁殖的混合营养物中。然后它们被放入培养箱，细胞在那里生长成 0.05 厘米长的细肌纤维。"你看到了吗？"

范·埃森举起一个培养皿，指着里面漂着的一个灰色阴影，小到我几乎看不见。很难想象需要大约 2 万个这样的纤维（300 亿个细胞）才能制造一块汉堡肉。然而，体外培养牛肉的策划者马克·波斯特认为，10~20 年后，我们可能会在超市里看到实验室培育的肉类。如果计划成功，这可能是一笔可观的收入。因为在未来，科学家能够通过活组织切片获得卫星细胞，而无须杀死动物。而且由于这个过程提供了很多可能，我们几乎可以从任何能想象到的物种中获得肉类，包括濒危物种。最近出版的《试管肉类烹饪书》（*The In Vitro Meat Cookbook*）建议人们吃渡渡鸟翅膀、熊猫味冰激凌和形状像花的肉。肉甚至可以以纱线的形式出现，这样你就可以编织自己的蛋白质围巾——然后吃掉它。

从理论上讲，实验室培育的肉类有利于解决由传统肉类产生的几个问题。它可以减少 80% 的温室气体排放和 90% 的水的使用。在无菌实验室而不是血淋淋的屠宰场生产，细菌将会产生得更少。更重要的是，它可以被设计成含有更多的不饱和脂肪酸以及更少的血红素铁的肉，以避免食用者患心脏病。但严峻的挑战也不可避免。首先也是最重要的是，要想在沃尔玛的货架上赢得竞争，0.14 千克 33 万美元的成本实在过于昂贵。虽然像范·埃森这样的科学家正在努力改进这一过程，但培养肉的成本依然很高，因为他们仍然不知道如何使细胞生长得足够快，而且细胞生长所依赖的培养基也很昂贵。其次，还有"令人恶心的"因素。尽管人造肉和传统的牛肉或鸡肉一样美味，但 80% 的美国人声称他们无法吞下一块实验室培育的肉。他们称之为"弗兰肯肉"。但范·埃森坚称，这种担忧是没有根据的。"这些细胞已经死亡，就像其他肉类一样，"他一边告诉我，一边关上培养箱，领我走出实验室，"干细胞无处不在，在你的肌肉里，在你的日常食物里。没有什么可害怕的。"

然而，有时候厌恶是很难克服的。当我第一次把一只死蟋蟀放进嘴里的时候，我肯定感到很恶心。它生长在一个传统的昆虫农场，而不是在实验室里，但它的样子（小眼睛，刀片状的翅膀）让我感到非常不适。如果它让我恶心怎么办？我想知道。如果我把它吐出来了该怎么办呢？我不是很尴尬吗？

山寨肉也许可以帮助人们摆脱对肉的依赖

我和两位年轻的企业家坐在巴黎蒙马特尔高地的一家酒吧里，他们成功创办了一家以昆虫为零食的企业。克莱门特·塞利埃（Clément Scellier）和巴斯泰恩·拉巴斯坦斯（Bastien Rabastens）——吉米尼的创始人，他们和蒙马特尔酒吧并没有什么关系，仅仅是来看比赛。他们公司提供的产品，如大蒜草药粉虫和番茄胡椒蚱蜢，正通过法国高档熟食店出售。他们告诉我，他们正试图吸引世界上的"印第安纳琼斯"——那些敢于冒险的潮流引领者，他们可能会出于好奇心尝试吃虫子，学着喜欢虫子的味道，并让其他人接受这个想法。"我认为人们还没有准备好享用一顿昆虫大餐，"克莱门特说，"但如果你把虫子作为开胃菜，鼓励人们只吃一两种——这种情况更有可能发生。"

就在我们谈话的时候，一盘昆虫从厨房送来了。它们是棕色的、干瘪的，它们鼓鼓的眼睛空洞地盯着我。我用力地咽了咽口水，用叉子刺穿一只蟋蟀，把它塞进嘴里。一碰到我的舌头，那东西就化为油腻的灰烬。我嚼了又嚼，翅膀在口腔两侧刮来刮去。我当然不愿意重复这种经历。

令我惊讶的是，克莱门特和拉巴斯坦斯似乎和我一样厌恶昆虫餐。"那只是质量太差了，"拉巴斯坦斯嘲笑道，"他们正在破坏市场。"他解释说，问题是西方没有足够的昆虫养殖场来满足需求，所以大多数昆虫都是从泰国运来的，为了安全起见，它们在出口前会被脱水。在这个过程中，所有的味道和质地都消失了。如果你像那样煮一块肉，肉的味道当然会很差。你可能永远不会给昆虫第二次机会了，这就像吃了一块烧焦的牛排后就放弃所有牛肉一样。西方人不允许昆虫过多地享受无罪推定。我们发现大多数人排斥吃昆虫，他们宁愿吃皮鞋蘸酱油，也不愿意吃昆虫。然而，

113 个国家的 20 亿人都对吃虫子并不觉得反感。

每年全球有多达 2000 种不同的昆虫被食用，包括蜜蜂、黄蜂、螳螂、蚂蚁、苍蝇和蚕，很多昆虫都被认为是美味佳肴。在乌干达，一斤蚱蜢的售价超过一斤牛肉。昆虫不仅味道好，而且营养丰富，许多品种都含有丰富的铁和锌，甚至是比猪肉或鸡肉更好的蛋白质来源。地球也可以从以昆虫为基础的饮食中获益。几年来，联合国粮食及农业组织（FAO）一直在推动将昆虫作为迫在眉睫的粮食危机的解决方案之一。昆虫是超高效的动物蛋白质制造者，因为它们是冷血动物，它们不会"浪费"能量来加热自己的身体——这也是为什么从牛肉中获取 500 克蛋白质，需要比养殖蟋蟀多 12 倍的饲料。更重要的是，我们可以在自己的家里饲养昆虫，就像在窗台上种植草药——在一个生长反应器或昆虫饲养室里。

那么，为什么美国人和欧洲人不吃虫子呢？荷兰瓦赫宁根大学昆虫学教授、世界级食用昆虫专家阿诺德·范·惠斯（Arnold van Huis）认为，西方国家不喜欢食用昆虫的根源在经济学。他告诉我，在温和的气候条件下，人们在欧洲和北美洲收集足够的虫子来吃要比在地球上的其他地方困难得多。由于它们是冷血动物，在热带地区，昆虫才会长得更大（每只爬行的昆虫有更多的食物），而且在热带地区，它们倾向于聚集在一起，比如在蝗灾期间，这使得收获更容易。对我们的欧洲祖先来说，收集虫子根本没有多大意义。此外，工业化的进程切断了西方与自然的联系，因此我们开始妖魔化昆虫。

但最近，昆虫开始进入西餐厅。蟋蟀能量棒正在美国销售，一家英国公司正在开发一种类似寿司的"昆虫"盒子，荷兰的顶级厨师正在为粉虫蛋饼等菜肴制作食谱。已经有 1/5 的欧洲食肉者声称他们已经准备好吃昆虫了。那么问题就在于如何说服其他人。

一种方法是把虫子隐藏起来——从某种角度来说，我们这么吃虫子已经很多年了。根据法律，其他产品中也允许含有昆虫颗粒。在美国，250 毫升的罐装柑橘汁可以含有 5 个或更多的蝇卵，而花生酱可以含有多达 30

个昆虫碎片。此外，胭脂虫制成的红色染料广泛应用于许多食物中。为了让西方人开始新的饮食习惯，我们可以在常规肉类产品中添加昆虫——例如，制作含 30% 昆虫肉的肉丸子。我们也可以用昆虫作为牲畜的饲料，或者制作昆虫面粉并利用 3D 打印技术将其制成具有视觉吸引力的产品——一些英国科学家已经在这么做了。但是，就像试管肉一样，昆虫饮食的新世界也面临着许多挑战：成本仍然太高，法律不够完善，科学研究也不够。正如动物权利倡导者所指出的那样，昆虫也是动物，它们也许会感知疼痛。然而，在西方，昆虫可能很快就会像寿司一样成为一种时尚。它们会养活世界吗？也许不行，至少光靠它们自己不行。但它们肯定能帮助我们摆脱对脊椎动物的依赖。

虽然大黄蜂汉堡看起来还是很遥远，但现在有很多山寨肉可以买到。与实验室培育的肉类或可食用昆虫不同，这些肉不含任何动物蛋白质。我说的是世界上所有的豆制品火鸡，无肉肉丸子和其他的素肉。其中一些非常难咀嚼，也很无味，而且口感绝对不是"肉质的"；但也有一些非常棒，即使是最好的厨师也很难相信它们不是真品。为了品尝其中的一种，我走进了海牙市中心的一家小肉店（没错，又是荷兰——他们真的是寻找肉类替代品的领导者）。从很多方面来看，这家海牙肉店很老派：柜台上放着一台老式天平和一个手动绞肉机，周围散落着几架切肉机，唯一缺少的是肉本身。欢迎来到"素食屠夫"。

雅普·科特威格（Jaap Korteweg），个子高大、秃顶、满脸笑容，在门口向我打招呼。"屠夫" 科特威格本人曾是一位热爱肉食的农民，但由于现代畜牧业的发展，他的理想破灭了，转而成为素食者。不过他有个问题——仍然爱吃肉。他开始梦想建造一种"不锈钢奶牛"，人们可以把谷物倒进去，并返出肉来，所以他创立了"素食屠夫"。

当然，与生产牛排的"不锈钢奶牛"相比，科特威格的山寨肉制作过程要复杂得多，也不那么浪漫。和其他所说的"第三代"（新的、更好的）山寨肉一样，科特威格的香肠和汉堡是通过分解和重组从大豆、豌豆或豆科植物中提取的蛋白质分子制成的。实际上，假肉的形成过程，是在类似于用来做意大利面和早餐麦片的机器中完成的。基本上，你把热量和水分加到蛋白质混合物中，揉成一个面团，然后把它压进一个特殊的模具里，之后就会得到大块的"鸡肉"或"金枪鱼"。"最棘手的是味道要恰到好处。例如，你如何模仿金枪鱼罐头的味道？"科特威格告诉我，需要酵母、一些海藻和 3 种不同的植物（其中一种是小麦，但他不想透露其他的植物——这是一个商业秘密）。另一方面，牛肉需要洋葱、胡萝卜和黄豌豆。"你用胡萝卜做牛肉？"我问道，声音里充满了怀疑。"你自己来尝尝吧。"科特威格回答说，并把我叫到后厨：那里有咝咝作响的平底锅和哗啦哗啦的汤锅，空气中弥漫着焦糊的油腻味。

说实话，我仍然不敢相信我在科特威格的厨房里吃到的不是肉。我试吃了他的"鸡肉""牛肉""金枪鱼罐头"，感觉棒极了。我敢肯定，过去我吃的真正的鸡肉比那个素食的假鸡肉也要少一些鸡肉味。这个山寨鸡肉多汁，也够弹牙，口味丰富。我不是唯一一个分不清真假鸡肉的人。当费朗·阿德里亚（Ferran Adrià），世界上最好的厨师之一，尝了一口"素食屠夫"的鸡肉后，他也不敢相信那是由植物性食物制成的。他猜那是一条来自法国南部的鸡腿。

直到最近，由于植物蛋白质可用性的提高，以及其他技术的进步，人们才有可能真正模仿肉类。不仅仅是"素食屠夫"精于此道，其他公司，比如美国的"超越肉类"也做得很好。2013 年，全食超市的一家店错误地把含有真鸡肉的沙拉标签和含有"假鸡肉"的沙拉标签贴反了，但没有顾客发现二者的差别并提出质疑。更重要的是，营养素食肉类可以像肉类一样含有完全的蛋白质，但脂肪含量更少。所以，我们为什么不选择食用它们呢？

问题是，山寨肉仍然以味道糟糕而闻名。在热门电视节目《绝命毒师》的一集里，片中角色小沃尔特不想吃妈妈做的素食培根。"这闻起来像创可贴，"他说，"我要真正的培根，不是这个假的。"就像吃昆虫一样，一次糟糕的素食假鸡翅体验也会让人记住一辈子。但对地球和我们未来的食品供应来说，好消息是山寨肉消费正在上升。2013 年全球肉类替代品市场价值超过 30 亿美元，不过与真正的肉类相比，这些数字仍然非常小。2011 年，美国肉类替代品的销售额仅占美国人购买肉类的总销售额的 0.2%。与此同时，科学家和营销人员都在想办法说服西方人把热狗换成"非热狗"。说它尝起来和烹饪起来"就像肉一样"，效果很好。建议人们去尝试简单的食谱也是如此。善待动物组织的主席英格丽德·纽柯克（Ingrid Newkirk）表示，说服人们吃山寨肉的最好方法就是让他们尝一尝。"我们做纯素火腿三明治，然后把它们送人，"她告诉我，"人们感到惊讶。他们说：'这味道真的很好。你确定这是植物做的吗？'"

减少肉类消费需要抵抗很多诱惑

如果吃山寨鸡肉或牛肉的想法令你反感，那请你想想看我们大多数人已经在吃肉类替代品了。如果你吃香肠和其他加工肉类、含有肉类的比萨和即食食品，你就会摄入大量的大豆蛋白质——大豆蛋白质通常被用于提高此类产品中的肉类含量。在美国，高达 30% 的国家学校午餐计划提供的肉类实际上是大豆蛋白质。一些科学家认为，拓展我们肉类的概念，也许可以帮助实现气候变化的目标。只要把更多的大豆和扁豆混合到汉堡肉里，我们都会过得更好。然而，将超市货架摆满肉类替代品可能不会让整个地球上的人都自动变成素食者。当然，这可能会有巨大的帮助，但如果人类要大幅减少肉类消费——这是理所当然的事——就需要更多的激励措施和解决方案。

第一种解决方案是减少浪费。在北美和欧洲，超过 20% 的肉类被扔掉，要么是因为没有达到肉类生产商的标准，要么是因为没有在市场上销售，要么是因为没有在家里被食用。一半的肉被消费者自己扔进了垃圾桶，这意味着许多人可以减少他们的肉类消费，甚至不需要改变他们的饮食，只要改善购物习惯，更好地计划膳食，学习如何使用剩饭剩菜或冷冻它们以备将来使用。这也将节省资金——如果引入肉类税，这可能会增加肉店账单的资金。

第二种解决方案是征收肉类税，它可能将西方世界推向第五阶段的营养转型（行为改变）和一个更素食的未来。科学家、记者和政治家们已经呼吁停止对肉类行业的补贴，并征收一种税（类似于香烟税），这将提高牛肉、猪肉和鸡肉的价格。研究证实，这可能是一种有效减少动物蛋白质消费的方法。在欧洲，据计算，切断对奶制品和肉类的农业补贴，每年至少能使 1.3 万人免于因中风和心脏病而死，这还只是一个保守的估计。然而，引入肉类税可能是个挑战，看看最近发生在丹麦的事情就知道了。在那里，有人提议征收"脂肪税"，相当于每 500 克包括肉类在内的食品中的饱和脂肪征收约 0.77 欧元。畜牧行业不高兴了，他们给政府写信，威胁要提起诉讼，基本上采取了一切可能的措施来阻止征税。最后，他们成功了——脂肪税的提议被放弃了。

第三个重要的解决方案是文化转变，它有可能显著抑制我们的肉类消费，这是促进和奖励弹性主义，或者更准确地说是"简约主义"。很多虔诚的素食者可能不喜欢我接下来写的东西，但并不是只有我这么认为，给人们更多的荣誉，哪怕只是稍微改变一下他们的饮食习惯也是很重要的。彼得·辛格（Peter Singer）是持同样观点的人之一，他被许多人视为"当今最有影响力的哲学家"，他以挑战传统的应用伦理学概念和畅销书《动物解放》（*Animal Liberation*）而闻名。

我打电话给辛格，询问他对人类成为素食者可能性的看法，以及要达到这个目标我们需要做些什么。辛格用一种柔和的声音告诉我，除了我们积极支持的肉类税之外，还需要不那么激进的素食主义才会鼓励更多的人去尝试，即使只是偶尔的尝试。"我们应该停止批评那些纯素食者。"他解释说，"如果你宣布，一旦你成为素食者，你宁可饿死，也不会让任何肉类进入你的嘴巴。人们会说：'这太疯狂了，我不会那么做。'如果我们想让大多数人减少肉类消费，我不认为坚持绝对的饮食纯净是实现这一

食/肉/简/史

目标的途径。我认为应该允许人们尝试弹性素食，而不需要一头扎进全有或全无的素食主义的巨大深渊。"辛格自己说他是一个"灵活的素食者"——他尽量避免食用动物肉，但当情况变得太困难时（比如拜访朋友、旅行），他不会总是因为一道菜含有奶酪或鸡蛋而拒绝食用。

当然，风险在于鼓励简约主义而不是完全的素食主义，将意味着实际上是在让人们像往常一样行事，也许现在的一些素食者也会重新吃肉。然而，更应该鼓励人们去尝试以植物为基础的饮食，而非那种全有或全无的素食主义提议，这可能会让人们愿意食素。正如保罗·罗津曾经告诉我的那样："即使人们并不总是百分之百地回收垃圾，他们也会因为分类回收而得到赞扬。"但无论是素食者还是非素食者，我们都没有因为减少肉食而获得任何荣誉。"也许是时候了。你可以尝试周一不吃肉，VB6（下午6点前的素食者），或者试着成为素食者一个月，或者你可以制订你自己的计划——每个月的第二个星期三都吃素，只要不下雨。"在撰写本书时，全球有29个国家正在经历"无肉星期一"。在美国，39%的人选择减少肉类的摄取（主要是出于健康的原因）。在德国，这个数字是41%。如果简约主义者的努力能得到更多认可，例如佩戴一个徽章，无论是字面上的（"我减少了10%！"），还是仅仅是象征性的，那都很好，值得骄傲。

此外，民意调查显示，一旦我们开始把动物制品从我们的盘子里剔除，就会不断地把我们不吃的东西增加到这个清单上——首先是红肉，其次是鸡肉，接着是鱼，最后是牛奶和鸡蛋。这是否意味着，通过遵循弹性素食主义或简约素食主义的道路，有一天全世界的人终将成为素食者？答案取决于你问谁。当我向纽柯克提出这个问题时，她的回答是"是的"。辛格和科特威格也是如此。世界银行前副行长、英国政府顾问斯特恩勋爵认为，未来吃肉将像酒后开车一样，会成为社会所不能接受的行为。但英国未来食品学家摩根·盖伊（Morgan Gaye）认为，在可预见的时间内，人类不会完全放弃肉类。

我将在伦敦夏洛特街酒店与盖伊会面，这是一个相当不具备未来主义

188

色彩的地方，充满了复古气息。不过，盖伊本人看起来很适合"未来主义"。
她留着短而尖的发型，显示出她的"未来主义"观点（公平地说，仅从外
表来看，伦敦 1/4 的人口可以被认为是未来学家）。盖伊的工作包括向食
品公司提供我们未来的饮食习惯方面的咨询。谈到食物，她知道什么是正
在流行的，什么是已经过时的，以及我们要朝哪里去。她并不认为肉类一
定会"过时"，至少不会完全"过时"。"我不认为我们一定会成为素食者，
但我认为人们会少吃很多肉。"她说。"随着肉类价格变得越来越难以承受，
我们将重新把它视为一种享受。我认为人们会比现在更珍惜肉类。让东西
流行起来的原因是供应不足，在将来肉类将会变得很难得到，因此会变得
昂贵。我们将看到高端肉店的出现——这已经发生了。"盖伊给我讲了维
克多·丘吉尔店的故事，这是一家最近在悉尼开业的奢侈肉类"精品店"，
在那里，牛肉和猪肉的切片被展示得就像路易·威登的手袋。她还告诉我，
未来可能会有更多的肉类零食即拿即走。可以说，320 克牛排的时代即将
过去，一小块很贵的肉正在向我们招手。

　　此外，这种肉类零食也可以在实验室生产，或者用安德拉斯·福格茨
更喜欢的说法"培育"。福格茨公司的现代牧场，由贝宝公司的亿万富翁
彼得·泰尔支持，正致力于打造"培育的"肉类，而不是在培养皿中生产
汉堡肉。正如福格茨曾经告诉我的那样："如果我们能吃到更美味、更健康、
更安全、更有营养、更方便的东西，为什么还要把这么多精力放在'我不
敢相信这不是真正的肉'上？"这就是为什么现代牧场公司现在正在开发
人工培育的"牛排片"——介于薯片和牛肉干之间的东西，"超级健康，
富含蛋白质"（用福格茨的话说）。几年后，现代牧场的"牛排片"可能会
在超市上架。如果肉类零食出现，它们可能会轰动一时。

　　现在让我们想象一下，世界将在某一时刻完全变成素食主义的世界。
然后会发生什么？一些人认为，未来将相当暗淡。想想失业，经济崩溃吧，
牛和猪完全灭绝，乏味的菜，这会成为现实吗？值得庆幸的是，不会。那么，
一个没有肉的地球和我们现在的地球有什么不同呢？

首先，我们可以减少上厕所的时间（与食物中毒作斗争的时间），能活得更长。例如，美国农业部最近的一项研究显示，1/4 的鸡胸肉上有沙门氏菌，21% 的鸡胸肉上有弯曲杆菌。是的，适当的处理和烹饪有助于防止食物中毒，但"适当"往往不是在我们的厨房实现的。根据美国疾病控制与预防中心的数据，畜肉和禽肉是最常见的致命感染的食物来源——其中很多是由沙门氏菌和李斯特菌引起的。当然，在素食的情况下，我们也可能活得更长，因为研究表明，吃肉可能会增加患癌症、心血管疾病 (CVD)、糖尿病等疾病的风险。正如一项研究的作者所总结的："红肉的消费与心血管疾病和癌症死亡率的增加有关。"

在一个没有肉类的世界里，我们也就没有那么多理由担心抗生素的耐药性。在美国，80% 的抗生素用于牲畜业。与此同时，美国每年有 23 000 人死于耐抗生素细菌。在饲养牲畜中过度使用抗生素可能与细菌对抗生素的耐药性有关。例如，研究发现，在经常接触抗生素的实验猪群中，大肠杆菌的耐药性比长时间没有接触抗生素的猪群更强。

其次，呼吸也会变得更容易。欧洲科学家们计算出，减少一半的肉类消费将使氮排放总量减少 40%，正如 2014 年的一项研究预测的那样，这将"使得欧盟的空气和水质都得到显著改善"。虽然牧场会消失，但野生动物会回来。在欧洲，人均生产粮食所需的耕地减少了 23%。类似的事情也会发生在美国。是的，我们会有更少的牛、猪和鸡，但取而代之的是我们会有更多的空间来使更多的野生动物生长。正如杰里米·里夫金（Jeremy Rifkin）在《超越牛肉》（*Beyond Beef*）一书中所写的那样："数以百万计的生物，其中许多已经在这个地球上生活了数千年，它们将重新组合、繁殖，并重归到森林中繁衍生息。"当然，并不是所有的土地都会恢复到自然状态。一些原来用于饲养牲畜的土地可能会用来种植生物能源作物，如柳枝稷和柳树。但天空会因此变得更干净。

但失业呢？在世界范围内，畜牧业提供了约 13 亿份工作。如果整个地球上的人都变成纯素食者，那么所有这些工作都将不复存在。当然，如果我们成为素食者，相当一部分人还会留下来，但影响仍然很大，因为地球上的大多数生活在贫穷国家的农民在他们家附近放牧。然而，如果世界上的富人过度沉迷于肉类，由于气候变化和跨国肉类公司排挤小生产商，这些人的生活也将面临风险。举一个例子，欧洲肉鸡业几乎摧毁了西非部分地区的鸡肉生产。至少在素食的情况下，我们有更大的机会赢得与气候变化的战斗，从洪水和沙漠化中拯救发展中国家的土地，并减少破坏农作物。素食主义的人将需要更少的牲畜，是的，但将需要更多的素食汉堡肉、豆腐、扁豆和绿色蔬菜。毕竟，雅普·科特威格曾经是一个饲养牲畜的农民，但他现在成功地以生产素肉为生。

然而，对一些人来说，成为素食者，甚至减少肉类消费，可能是违背他们的最大利益的，这一点不假。我指的是那些生活在贫困中的地球居民，让饲养的动物以路边和城市的垃圾为食（在哈瓦那，6.3 万头猪露宿街头），以及那些生活在过于干燥、陡峭或炎热的土地上，无法种植庄稼的人。这些人买不起以植物为基础的饮食。如果你住在乌干达，而你所拥有的只是青香蕉，那么用青香蕉换一只瘦骨嶙峋的鸡，以此来满足你对蛋白质的饥渴也许是个好主意。

但是，即使在肉类替代品并不缺乏，也没有失业担忧的后肉类时代，人类还是很难完全放弃肉类。可食用昆虫、实验室培育的肉类以及素肉生产商和销售商所面临的挑战是，这些替代品不仅必须能够替代动物肉的味道和营养，而且还必须替代动物肉具有的所有象征意义。我们渴望吃肉，因为它代表着财富，代表着凌驾于他人和自然之上的权力。我们喜欢吃肉，因为历史告诉我们，素食是弱者、怪人和古板的人的选择，而且肉类行业知道如何销售自己的产品。我们"为肉而死"（有时是字面意思），是因为 19 世纪和 20 世纪早期科学研究的错误导致我们相信蛋白质的神话。如果人类要成为素食者，或者仅仅是大量减少肉类消费，那就需要放弃很多诱惑。

这并不是说人类不可能不吃肉，但这条路将是漫长而艰辛的。肉类替代品必须建立起声望 (名人代言也有帮助)；它们必须足够便宜，但不能太便宜，这样它们仍然可以代表"我获得了成功"；它们必须与男子汉气概等同起来 (也许健美运动员的广告会有所帮助)；它们必须变得可见和无所不在，这样我们才能适应它们并养成新的习惯。历史表明，人们确实会对长期以来被认为恶心或劣质的食物产生食欲。在欧洲，土豆曾经被认为是猪的食物，对人类健康有危险，法国皇室花了很大的精力才说服人们吃土豆，以改善饮食结构和对抗饥饿。玛丽·安托瓦内特 (Marie Antoinette) 的胸花上插着土豆花，宫殿旁边的一片土豆地还佯装有人把守，以引起人们的好奇心 (这招果然奏效了——守卫一被叫走，农民们就把所有的土豆都偷走了)。早在 18 世纪，人们就对番茄持怀疑态度，龙虾曾是穷人的主食，甚至比萨也没有马上在美国流行起来——人们称之为共产主义。与此同时，食品也可能失去它们的声誉。以白面包为例，几个世纪以来，它曾经意味着地位和财富，而现在它被认为不如全谷物。

很难想象人类在不久的将来会成为完全素食者，但几千年来我们对肉类的长期热爱必须结束。如果肉又变得稀缺，人们就又会想吃了，这就是我们的运作方式。在玛格丽特·阿特伍德 (Margaret Atwood) 的《末世男女》(*Oryx and Crake*) 中，全世界以实验室培育的肉类为生，而真正的肉就像钻石一样稀有，人们对它的渴望非常强烈——这是一个可能的未来。

然而，更有可能发生的是，肉类替代品会像土豆和比萨一样，悄悄地出现在我们面前。只要它们的味道好 (其中一些确实很好吃)，只要它们获得了知名度和地位，山寨肉最终可能会取代大部分的"真正的"肉。迄今为止，以植物为基础的"素食"肉是最便宜、最不令人反感的肉类替代品，其生产过程也是最先进的。尽管如此，可食用昆虫和实验室培育的肉类，在未来也可能对减少我们的肉类消费发挥作用，而且一旦这个观念流行起来，它可能很快就会越来越受欢迎。

营养转型的第五阶段

我们为什么要吃肉呢？总而言之， 尽管有进化、历史和文化等多方面的原因，但最基本的答案是——因为我们能够吃肉。我们是杂食动物，肉是一种富含氨基酸的食物，它能满足我们对蛋白质的需求，而脂肪则为我们提供能量。几千年来，肉类让我们果腹，帮助我们长出了聪明的大脑，走出了非洲。在某种程度上，食肉使我们成为人类。

然而现在，肉对我们而言经不像以前那么有益了。在发达国家，我们不需要用动物肉来补充营养。此外，许多研究表明肉食可能导致癌症、糖尿病和心脏病。我们的地球也没有足够的土地来养活那些只要有机会就会去吃肉的西方人。如果我们不能大量地减少肉类消费，我们就更有可能面临全球变暖、水资源短缺和污染等问题。

现在是时候进行营养转型的下一阶段也就是最后一个阶段——行为转变了；现在是时候从以肉类为基础的饮食转向以蔬菜、谷物、水果和豆类为基础的饮食了。这似乎让人望而生畏，但在过去我们也做过类似的事情。在此之前，当地球气候发生变化时，我们的祖先曾多次调整他们的饮食习惯。几百万年前，普尔加托里猴利用了新的财富——水果。后来，当天气变冷，植物性食物变得难以获得时，早期的人类开始吃肉。当在印度吃牛肉变得不合算时，人们把吃牛肉变为禁忌。当中世纪的日本没有足够的土地去生产动物肉时，他们的统治者禁止了对许多肉类的食用。

现在可能我们不需要禁止食用肉类，但随着气候和经济的再次变化，我们的饮食习惯也应该发生一些改变。当然，这并不容易。肉类不仅是味蕾的享受，也是我们的文化象征。它们代表财富，象征男子汉气概，代表凌驾于穷人和自然之上的权力。对许多生活在发展中国家的人来说，它象征着现代性、进步以及与传统的、等级森严的社会的果断决裂。

为了进入最后阶段即第五阶段的营养转型，我们首先要意识到肉的许多意义——只有这样才能把让我们对肉食上瘾的原因一个一个地找到。肉的味道可以被含有鲜味、脂肪味道以及由美拉德反应产生的香味混合物的产品所取代。小扁豆甚至花生酱、三明治都能满足人们对蛋白质的需求。政府可以改变政策，例如肉类补贴的转移以及对肉类征税，《加格法案》和《食品诽谤法》也需要被改变。我们可以停止对蛋白质的迷恋，让更多的人可以买到肉类替代品，这样食用素食就可以很容易地变成一种习惯。通过了解我们的饮食习惯（夏夜等于烤牛肉汉堡），我们可以选择改变它们。我们可以利用我们的精神感应，将素食和我们已经喜爱的食物（素食晚餐之后的冰激凌）或在有趣的社交场合上食用的食物建立积极联系。我们应该强调植物性饮食是方便、经济的，而不仅仅是健康的，因为这也是人们购买食物的动力。我们应该试着改变素食的形象，表现出运动的、有男子汉气概的男人应食用素食，强调蔬菜可以让人变得强壮和美丽。毕竟，这是肉类向我们兜售了很多年的概念。

别误会我的意思，我不是说我们明天就都要变成素食者，尽管我相信在未来，人类将主要食用植物性食物；但我也相信，追求饮食的纯净不是正确的道路，而且它可能会适得其反——因为过去有几次失败的经验。相反，我们应该奖励减少肉类消费——无论我们把它叫作"简约主义""弹性主义"，还是"五阶段主义"，以及无论我们是削减了5%还是99%的肉食消费。严格的素食者和纯素食者应该停止批评有时候偷偷吃肉的素食者，毕竟，与西方的平均水平相比，他们很可能大幅地改变了自己的饮食习惯。过去，在素食者和食肉者之间设置路障是行不通的，那么现在更没有理由这么做了。同样，与其总是把肉制品行业视为邪恶的化身，不如像坦普·葛兰汀或在传统肉店里出售肉类替代品的素食肉店那样，与之和谐共处。如果你的目标是改善你的健康状况、减少动物的痛苦，并增强应对气候变化的能力，不时吃一点肉和大量的植物性食物会更好，而不是做一个饮食仅含有奶酪、牛奶和鸡蛋的严格奶蛋素食者。这只是一个数字的问题，如果你是一个有道德的素食者，想想看：是一个人完全不吃肉能挽救更多的生命，还是数百万人一个月只吃一顿肉能挽救更多的生命？当然，想要实现阻止气候变化的目标也是如此。是的，如果数百万人成为素食者会更好，但这不会在一夜之间发生——让人类无法放弃肉类的诱惑实在太多了。

重要的是要意识到驱动我们选择食物的因素，而不是盲目地遵循我们的常规、文化和被广告影响。如果我们要进入营养转型的第五阶段，我相信这是第一步。

致　谢

　　如果要写一本书的话，则需毕"一村"之力去完成，若非我的"村民"（碰巧他们遍布整个世界）帮我，我肯定不可能完成这本书。这里我特别感谢每位科学家，他们曾经帮助我理解他们学术领域里细微的差别，还对我的作品提出了指导意见。他们是：卡罗尔·J. 亚当斯、琳达·巴托舒克、布罗克·巴斯蒂安、格雷戈里·贝尔、加里·比彻姆、保罗·布雷斯林、亨利·T. 邦恩、T. 柯林·坎贝尔、坦普·葛兰汀、阿诺德·范·惠斯、加斯帕·杰克里、爱德华·米尔斯、史蒂芬·波安、史蒂芬·辛普森和理查德·朗汉姆。感谢马克·波斯特和阿农·范·埃森，我在马斯特里赫特（荷兰边境城市）实验室里看到肉类生长的经历让人记忆犹新。感谢布里亚娜·波比纳，我从来没有想过自己能亲手触摸到有百万年历史的大象骨头——谢谢您。我还要感谢以下为我提出学术建议的朋友：莱斯利·C. 爱罗（Leslie C. Aiello）、尼克斯·亚历山德拉托斯（Nikos Alexandratos）、尼尔·伯纳德、亚当·德莱布诺夫斯基（Adam Drewnowski）、罗伯特·艾森曼、丹尼尔·费斯勒、哈尔·赫尔佐格（Hal Herzog）、乌尔班·强森（Urban Jonsson）、R. S. 哈雷尔（R. S. Khare）、乔伊·密尔瓦德（Joe Millward）、马里恩·奈斯德、克里斯·奥特（Chris Otter）、大卫·培尼（David Penny）、安东尼·波德伯斯切克、拉什米·辛哈（Rashmi Sinha）、马丁·史密斯（Martin Smith）、艾瑞克·思博林（Erik Sperling）、布莱恩·万辛克、阎云翔和瑞安·扎里昌斯基（Ryan Zarychanski）。在写这本书的几年里，我有幸认识了许多有趣人士：安德拉斯·福加奇（Andras Forgacs）、摩根·盖伊、艾弗·汉普瑞斯、凯特·雅各比，还有理查德·兰多（十分感谢他所提供的可口美食）、斯科特·尤雷克（Scott Jurek）、伊芙琳·金伯、尼科·科菲曼（Niko Koffeman）、雅普·科特威格（请把"素食屠夫"带到法国来）、保罗·博姆（Paul Bom）、克里斯汀·拉热内斯、霍华德·莱曼、英格丽德·纽柯克、巴斯泰恩·拉巴斯坦斯、比尔·罗尼克、汉尼·罗兹勒、克莱门特·塞利埃、彼得·辛格，在这里感谢你们让我有机会瞥见你们与肉类相关的世界，并探讨人类对肉食痴迷上瘾的过去和未来，同时一并感谢阿贾特·安贾那帕带我亲身品尝加罗尔的美食。

在坚持不懈地训练我的科学写作技能方面，我要谢谢《华盛顿邮报》（Washington Post）的波·夏皮罗（Pooh Shapiro）。同时也要诚挚地对波兰《政治周刊》（Polityka）、波兰《选举报》（Gazeta Wyborcza）、《波士顿环球报》（Boston Globe）、《洛杉矶时报》（Los Angeles Times）、《科学美国人》杂志（Scientific American）、《新科学家》杂志（New Scientist）以及《大西洋》杂志（The Atlantic）的所有编辑们说一声：谢谢你们！近几年来，是你们的帮助成就了我的写作事业。在这里我特别要谢谢《环球邮报》（The Globe and Mail）前外籍编辑斯蒂芬·诺斯菲尔德（Stephen Northfield），是他在2009年给了我一个得以发表自己第一篇英文专题文章的机会。

这本书之所以能够成书、出版，更离不开我优秀的代理人玛莎·玛格尔·韦伯（Martha Magor Webb），谢谢您付出的努力和汗水，以及您所提出的建议和对我的鼓励。亚历克斯·利特菲尔德（Alex Littlefield），您的热情让我在写作这本书时以及让写作中的研究工作变得游刃有余——谢谢您这位优秀的编辑。在手稿处理工作和指导意见方面，我要感谢我的编辑丹·格斯特尔（Dan Gerstle）和布兰登·普罗亚（Brandon Proia），你们的努力工作和宝贵意见使得本书锦上添花。凯蒂·海格勒（Katie Haigler）、凯特·穆勒（Kate Mueller）、梅丽莎·雷蒙德（Melissa Raymond）、梅丽莎·韦罗内西（Melissa Veronesi）以及基础读物出版社（Basic Books）的全体工作人员——没有你们的付出，就不会有这本书的出版问世。

　　同时还要深深地感谢我的家人，特别是我的妈妈，因为她帮我照看我的女儿，我才能够有空写作（也因此我才可以去度假，才可以在写作结束之后休息）。谢谢我的爸爸，是他一直坚持让我学习英语。谢谢我的公婆，在我需要帮助的时候他们总能及时地出现在我的身边。谢谢我的朋友们，他们通过玩棋盘游戏和沙盒游戏这种方式，帮我从迷人但又极富挑战性的肉食世界里脱身出来并能喘口气儿。最后的最后，更重要的是谢谢我的丈夫——马切耶（Maciej），是他让我相信，写作也是一个挺好的职业，而且这些年来他一直坚持不懈地支持我（也是他不厌其烦地帮我处理了所有写作中遇到的状况）。还要谢谢我的女儿——艾伦（Ellen），因为她是我阴暗日子里的一缕灿烂阳光。